新型农业经营主体带头人

刁春明　杨春霞　吴文胜　主编

中国农业科学技术出版社

图书在版编目（CIP）数据

新型农业经营主体带头人/刁春明，杨春霞，吴文胜主编.—北京：中国农业科学技术出版社，2020.1

ISBN 978-7-5116-4279-0

Ⅰ.①新… Ⅱ.①刁… ②杨… ③吴… Ⅲ.①农业经营-经营管理-研究-中国 Ⅳ.①F324

中国版本图书馆 CIP 数据核字（2019）第 294106 号

责任编辑	闫庆健　王惟萍
责任校对	贾海霞
出 版 者	中国农业科学技术出版社 北京市中关村南大街 12 号　邮编：100081
电　　话	（010）82106625（编辑室）　（010）82109702（发行部） （010）82109709（读者服务部）
传　　真	（010）82106625
网　　址	http://www.castp.cn
经 销 者	各地新华书店
印 刷 者	北京富泰印刷有限责任公司
开　　本	880mm×1 230mm　1/32
印　　张	7.5
字　　数	200 千字
版　　次	2020 年 1 月第 1 版　2020 年 1 月第 1 次印刷
定　　价	35.00 元

———— 版权所有·翻印必究 ————

《新型农业经营主体带头人》编委会

主　编：刁春明　杨春霞　吴文胜
副主编：李　军　邱作民　宋聪光　郭士成
　　　　张清海　李　敏　刘　辉　张小伟
编　委：王　妍　张丽娟

前　言

为深入贯彻中央一号文件精神，以"兴农机、强农业、富农民"为工作出发点和立脚点，将引导、扶持、培育新型职业农机从业人员作为重点，大力开展农业机械化技术培训工作，重点培育一批有文化、懂技术、善经营、会管理的新型农民。新型农业经营主体是发展现代农业的生力军和引领力量，新型农业经营主体带头人是新型农民的优秀代表。

本书围绕学习新型农民带头人中可能遇到的问题，介绍了新型农业经营主体概论、新型农业经营主体带头人、家庭承包经营、专业大户、家庭农场、农民专业合作经济组织、农业产业化龙头企业、农业社会化服务等内容。

由于编者水平所限，书中难免存在不当之处，恳切希望广大读者和同行不吝指正。

编　者
2020 年 1 月

目 录

第一章 新型农业经营主体概论 …………………………（1）
　第一节　新型农业经营主体的内涵、特征及类型 …………（1）
　第二节　龙头企业、农民合作社和家庭农场的关系及作用 …（9）

第二章 新型农业经营主体带头人 ………………………（22）
　第一节　新型农业经营主体带头人的基本素质 ……………（22）
　第二节　新型农业经营主体带头人的营销理念 ……………（40）
　第三节　新型农业经营主体带头人的作用 …………………（70）

第三章 家庭承包经营 ……………………………………（73）
　第一节　家庭承包经营的组织特征 …………………………（73）
　第二节　家庭承包经营面临的经济社会形势 ………………（75）
　第三节　家庭承包经营的分化与演进 ………………………（78）

第四章 专业大户 …………………………………………（81）
　第一节　专业大户概述 …………………………………………（81）
　第二节　种植大户的生产管理 …………………………………（82）
　第三节　养殖大户的生产管理 …………………………………（93）
　第四节　农产品加工大户的生产管理 …………………………（107）

第五章 家庭农场 …………………………………………（120）
　第一节　家庭农场的含义与特征 ………………………………（120）
　第二节　家庭农场的基本模式 …………………………………（125）
　第三节　家庭农场发展的环境与条件 …………………………（128）
　第四节　家庭农场的扶持政策 …………………………………（130）
　第五节　家庭农场的经营管理 …………………………………（137）

第六章 农民专业合作经济组织 …………………………（158）
　第一节　农民合作社的内涵及作用 ……………………………（158）

第二节　建立和管理农民合作社 …………………………（161）
　　第三节　农民合作社的发展现状 …………………………（173）
　　第四节　农民合作社的政策补贴 …………………………（175）
　　第五节　农民合作社的管理机制和经营机制创新 ………（180）
第七章　农业产业化龙头企业 ………………………………（187）
　　第一节　农业产业化及农业产业化龙头企业概述 ………（187）
　　第二节　农业产业化龙头企业的发展背景及发展现状 …（189）
　　第三节　目前国家对农业产业化龙头企业发展的
　　　　　　支持政策 …………………………………………（202）
　　第四节　农业产业化龙头企业的发展策略 ………………（207）
　　第五节　申报、认定农业产业化龙头企业 ………………（210）
第八章　农业社会化服务 ……………………………………（214）
　　第一节　农业社会化及农业社会化服务概述 ……………（214）
　　第二节　农业社会化服务体系的内容 ……………………（215）
　　第三节　农业社会化服务体系发展的必要性 ……………（216）
　　第四节　我国农业社会化服务体系的发展模式 …………（219）
　　第五节　农业社会化服务体系的发展 ……………………（224）
　　第六节　促进农业社会化服务持续发展的对策与建议 …（227）
参考文献 ………………………………………………………（231）

第一章 新型农业经营主体概论

第一节 新型农业经营主体的内涵、特征及类型

一、新型农业经营主体的内涵

新型农业经营主体是我国农业产业化发展中形成的、以家庭承包经营为基础,适应社会主义市场经济和现代农业发展要求,从事农业专业化协作生产经营活动的,具有一定组织化和社会化程度较高的农业生产经营组织,是在我国农村新出现的由有文化、懂技术、会经营的新型农民经营的具有适度规模、提高集约化水平和具备一定市场竞争力的农业生产经营组织。从目前的发展来看,新型农业经营主体主要包括专业大户和家庭农场、农民合作社、产业化龙头企业等类型。本书将针对龙头企业、农民合作社和家庭农场3种类型进行有益的探讨。

对于新型农业经营主体的具体认定,主要应从两个方面进行探究。一方面新型农业经营主体是在我国农业产业化进程中产生的,是有别于过去的传统的自给半自给农户家庭经营而言的,以期摆脱后者在发展规模小、生产要素利用率低等方面的先天问题,使其具有适度规模以及较高劳动生产率和较高商品化程度的特征;另一方面新型农业经营主体是在实现中国特色农业农村现代化的大背景下提出来的,是构建新型农业经营体系的重要内容,无论物质技术装备和经营管理上都具备较高水平和先进性要求,而且还要符合我国人多地少、资源分布分散的基本国情,并且还要能通过经营主体的发展解决好我国农业农村发展不平衡、不充分的矛盾,不能盲目追

求经营规模,而是要规模经济和土地产出率并重,要以持续增加农民收入建设富强美丽的农村、增强我国农业的国际竞争力为目的。

二、新型农业经营主体的基本特征

新型农业经营主体是我国现阶段农业农村发展中的新生事物,它是实行合理的分工协作,辅之必要的规模经营,通过利益联结作为纽带的一体化农业经营联盟组织,有着与传统小规模农户显著不同的特征,具体特征如下。

1. 以市场化为导向,以专业化为手段

传统农户是以自给自足为主要特征,生产效率低,商品率也低。在新时代农业农村现代化建设的大背景下,新型农业经营主体发育和成长的内生动力来源于市场需求,来源于农业供给侧结构性改革、来源于广大消费者对农产品品质要求不断提高的要求。无论是家庭农场,还是农民合作社、产业化龙头企业,都需要紧密围绕提供符合市场需求的农产品和良好的服务来开展各种生产经营活动,并以此得到生存和不断发展。传统农户生产多属于粗放性的,缺乏分工协作的"小而全"问题十分明显,兼业化倾向普遍存在,生产效率不高。但随着我国农业生产力发展和农村社会分工分业的逐渐推广,无论是从事种养、农机等的农民合作社,还是各种类型的家庭农场和专业大户,都纷纷主动或被动地在生产经营的某一领域、某些品种或某些生产经营环节聚焦,一改过去低效率的"小而全"状况,逐步开展专业化的生产经营活动,以实现"聚焦"效应。

2. 以规模化为基础,以集约化为标志

改革开放后农村实行家庭联产承包责任制,分田到户,以家庭为基本单元开展农业生产活动,一时间极大地调动了我国广大农民的劳动热情,农业生产呈快速发展态势。但传统农业受过去低水平生产力的制约,传统农户无力有效地扩大生产经营规模。近年来,我国农业生产技术装备水平在不断提高，国家也逐步加大了对基础设施条件的改善，尤其是大量农村劳动力进城务工后释放出大量土地资源，新型农业经营主体为获得较高收益，更加注重扩大经营规模，尽力提高规模效益。传统农户主要依赖增加劳动投入来提高土地产出率，走的是一条粗放型发展的老路。新型农业经营主体将采取有效集成利用各类生产要素（资金、技术、人才、设备等）的办法，有效提高土地产出率、劳动生产率和资源利用效率，通过技术创新、土地转让、优质人力的投入等，获得规模效益，从过去以调整增量为主要手段到以改变存量结构和品质为主要手段，实现各经营主体的集约化发展。

3. 以独立经营为基础，以联合发展为手段

在新型农业经营主体的联合过程中，各经营主体产权明晰，保持着运营的独立性和自主性，是一个相对独立的农业生产经营组织，为获取合作效益，它们要通过签订合同、协议或制定章程等形式，协同开展农业生产经营活动。从现阶段来看，新型农业经营主体不具备独立法人资格，与联合社、行业协会等有较大差异。联合社是农民合作社之间的联合；协会更加注重的是沟通、服务和自律，属于社团类组织，没有上下游产业的深度经济往来，不存在产业链延伸的问题。新型农业经营主体的联结已成为今后发展的重要趋势，通过联合增强竞争实力和抗风险能力，获取规模效益和较高的生产效率，在我国农业供给侧改革的过程中，在一二三产业融合发展的过程中，新型农业经营主体间的联合必将越来越紧密，成为"经济利益共同体"和"命运共同体"。

4. 以龙头企业带动，注重合理分工

新型农业经营主体在实践中更加注重相互间的联结，目前，我国农业产业联合体多以龙头企业为引领、家庭农场为基础、农民合作社为纽带，各成员具有明确的功能定位。与家庭农场相比，龙头

企业管理层级多，生产监督成本较高，不宜直接从事农业生产，但在人才、技术、信息、资金等方面优势明显，适宜负责研发、加工和市场开拓。与龙头企业相比，合作社作为农民的互助性服务组织，在动员和组织农民生产方面具有天然的制度优势，而且在生产中服务环节可以形成规模优势，主要负责农业社会化服务。家庭农场、种养大户拥有土地、劳动力以及一定的农业技能，主要负责农业种养生产。多种组织形式的联合互助共享，可以最大限度地实现共赢发展。在我国农业农村发展中，各经营主体都具有独特的优势，也具有明显的不足。因此，各经营主体的合理分工，既是其独立存在的必需，也是新型农业经营主体发展的必要条件。

5. 以扩大辐射带动为己任，以产业增值和农民受益为目的

相对普通农户，新型农业经营主体拥有较高的人力资本。众多的调查反映一个事实，即新型农业经营主体负责人的文化水平为大专及以上的比重比传统农户要高得多。同时，不少新型农业经营主体还吸纳了许多具有丰富工作经验的人员返乡创业，成为企业主、农业推广人员、外出打工者回乡创业的一种重要形式，尤其促进了外出打工者返乡创业。新型农业经营主体为农村居民提供了就业岗位，促进了农村劳动力实现就业。还应看到，新型农业经营主体的辐射带动作用已初步显现出来。不仅与农户建立利益联结机制，就业带动规模可观，还推动了农村电子商务、乡村休闲旅游等新业态的出现和发展，促进了产业融合。产业是否兴旺，农村是否美丽，农民是否富裕，是检验新型农业经营主体和农业产业化联合体发展实效的重要标志。各经营主体的发展壮大和联合体通过产业链的延伸，将会极大地提高资源配置效率，从而实现产业增值、农民受益的目的。各主体之间以及与主体与农户之间通过建立紧密且稳定的利益联结机制，实现全产业链增值增效，使农民有更多获得感和幸福感。

三、新型农业经营主体的主要类型

根据我国有关政策制度和现有的研究文献成果,一般认为新型农业经营主体是由农业产业化龙头企业、农民合作社、家庭农场、专业大户和经营性农业服务组织共同组成的。

1. 龙头企业

农业产业化龙头企业简称龙头企业,是我国农业产业化过程中通过订单合同、合作等形式带动当地农民合作社、家庭农场和农户,从事产加销、贸工农一体化的农产品加工或流通,在经营规模和经营指标上达到规定标准并经政府有关部门认定的、对农业农村经济发展具有较强辐射带动作用的企业。龙头企业在新型农业经营主体中经济实力最雄厚,拥有较先进的生产技术和高水平的经营管理人才,具有与大市场联结的能力和一定的抗风险能力,是我国农业现代化的排头兵和骨干力量。农业龙头企业是依据政府的产业政策和产业发展规划,从事农产品加工的经济实体;是具有市场开拓能力,能为农民提供服务,带动农户发展商品生产的市场主体;是推动农业供给侧结构性战略性调整,提升农业产业化经营层次,增强农业国际市场竞争力,促进农业农村社会经济发展,全面实施乡村振兴战略的重要载体。

龙头企业的发展对于进一步推进我国科技和教育体制改革、更好地实现农科教产学研相结合、提升和完善农业产业结构、推动农业现代化进程、持续增加农民收入、提升我国农业国际竞争力、实施乡村振兴战略均具有强大的推动作用。

2. 农民合作社

农民合作社是指建立在家庭承包经营的基础上,农户遵循自由联合、民主管理原则组织并发展起来的一种农业生产经营组织,具有高度的互助性特征。农民合作社实现了农户间的合作与联合,不仅较好地避免了以往农户家庭无规模不经济经营发生的种种缺陷，更重要的是产生了"抱团发展"的效应，实现了农户与农户、农户与家庭农场、农户与合作社之间在生产技术、资金等多方面的合作，逐步推进了农户和家庭农场的集约化发展。发展合作社的经济合理性和社会合理性十分显著。近年来的实践表明，农民合作社不仅是带动农户家庭经营进入市场的一种重要的组织形式创新，而且还扮演着向普通农户和家庭农场输送生产性服务的主要角色。发展农民合作社是"实现小农户和现代农业发展有机衔接"的一种重要途径。

3. 家庭农场

家庭农场是指以农业收入作为家庭主要收入来源，农场主要劳动力多为家庭成员，以实现农业规模化、集约化、商品化为目标的新型农业经营组织。家庭农场原来是特指欧美国家的一些大规模经营农户，是该国开展农业生产经营活动的主要力量。党的十七届三中全会首次提出在有条件的地方可以发展家庭农场，此后我国家庭农场如雨后春笋发展迅速，目前已成为我国新型农业经营主体的一个重要组成部分。浙江、上海、湖北、吉林等地率先进行了试点，给出了大体一致的界定标准，即家庭农场经营的土地面积较大，土地流转关系稳定，集约化水平和管理水平较高等。

我国 20 世纪 70 年代末、80 年代初开始，在农村基本形成了以农户家庭承包经营为基础、统分结合的农业双层经营体制，"小而全""小而散"逐步成为农户家庭经营的基本特征。虽然从国际经验来看，在今后一个相当长的时期内，虽然家庭经营在与粮、油、棉等大宗农产品密切相关的生产领域仍将占有主要地位，发挥重要作用，但农户家庭经营所暴露出的"小而全""小而散"在发展现代农业中的局限性也日益显现出来。近年来，各级政府支持家庭农场发展的政策方向日趋清晰并逐步加强。形成这种现象的一个重要原因是，家庭农场不仅有利于改变"小而全""小而散"的农户家庭经营的局限性，而且还充分考虑到了农户家庭经营作为发展现代农业主导形式的迫切要求。家庭农场的发展，既有利于在继承农户家庭经营合理内核的基础上，吸收企业经营的优势，并且能培养农户带头人的企业家素质和参与分工协作的能力，成为推进我国现代农业发展的最基层的骨干力量。

4. 专业大户

专业大户系指那些种植或养殖规模明显高于当地传统农户且实行专业化生产经营的农户。由于专业大户分布较广、情况复杂，目前对此的统计和研究工作有相当的难度，作为专业大户的提法也只是一个民间的习惯称呼，目前尚没有严格的标准，有时也叫"种养大户"。各地区、各个行业的专业大户标准差别较大。从目前的专业大户来看，更多的是"大"而不"强"，即经营规模较大，但具有明显的粗放经营特征，集约化经营水平较差，甚至有的很难适应现代化农业发展的要求。这也是部分研究不把专业大户作为新型农业经营主体的原因。由于以上原因和专业大户的资料难以收集，本书暂不对专业大户做具体研究。

5. 经营性农业服务组织

经营性农业服务组织是指在农业生产经营活动的产前、产中和产后的各环节提供专业化、市场化服务的各类经济组织，这些专业性服务公司、专业化服务队、农民经纪人等已成为我国农业农村发展中不可缺少的重要力量。它们为各类农业经营主体提供农机作业服务、病虫害防治技术、种养殖技术、农产品销售技术以及储藏运输等服务，解决了多数经营主体想办却无力办、能办但办不好的许多问题，显著地降低了经营主体的生产成本，有效地提高了经营主体的资源要素利用效率。经营性农业服务组织以服务"三农"为宗旨，以推进我国农业供给侧结构性改革为主线，以提供多途径、多层次、多类型的农业生产性服务为手段，以带动经营主体的发展、全面推进现代农业建设为最终目的，成为我国新型农业经营主体中具有独特功能、无法替代的重要组成部分。

为满足经营主体发展的需要，经营性农业服务组织向其提供了7个方面的服务。一是提供农业市场信息：为经营主体提供农产品生产、加工、销售、储藏、运输以及国家政策、法律等方面的信息，建立并完善信息的采集、分析、发布和服务等环节工作，用最快的速度、最准确的信息来满足各经营主体进行决策和制定具体策略的需要，用准确的信息引导经营主体按市场需求和国家宏观政策来调整生产经营结构，解决好小农户与大市场的衔接问题。二是提供农资供应：为农户提供种子、农药、兽药、化肥、饲草料等农资供应服务，力求价格公道合理，购买快捷方便。三是提供绿色生产技术：为经营主体在土地深翻、深松、秸秆处理等土地作业方面提供绿色技术服务。积极推进无污染、无公害的化肥、农药的普遍使用，提供更多有效的绿色环保技术，改善农业生态环境，培养地力，实现绿色生产。四是搞好废弃物综合化利用服务：帮助各经营主体建立畜禽养殖废弃物收集、转化、利用三级服务机构，积极探索地膜生产者责任延伸制度，做好秸秆的收储运社会化服务，进一步推进秸秆的综合利用工作。五是完善农机作业及维修服务：搞好区域内农机作业中心和维修中心的建设，实现服务中心的提挡升级，提高我国农业机械化、现代化水平。六是提供农产品初加工服务：做好以储藏、烘干、清选分级、包装等初加工环节为内容的服务，提高农业产品的加工效率，提升其附加值。七是提供农产品营销指导：积极为经营主体提供农超对接、农社对接的办法与渠道，创新产销衔接的方式，积极推广农产品电子商务，尽力减少流通环节，降低农产品流通成本。

第二节 龙头企业、农民合作社和家庭农场的关系及作用

一、龙头企业、农民合作社和家庭农场的联系与区别

龙头企业、农民合作社和家庭农场是新型农业经营主体的重要组成部分,是实施我国乡村振兴战略的重要力量,是建设我国社会主义新农村,实现农业强、农村美、农民富的中国梦的生力军和主力军。三者既有许多相似或相同之处,同时也存在着诸多明显差异,三者呈相互联系、相互影响、相互依赖、相互制约的关系。

(一) 龙头企业、农民合作社和家庭农场三者的相同或相似之处

1. 具备带动农民增收、实现小农户与大市场衔接的功能

龙头企业和农民合作社都是把分散的农户集中起来统一开展生产经营活动,为他们提供技术支持和服务保障,帮助改良产品品质,引导他们将产品打入市场。更好地实现农产品的价值和使用价值,提高产品的附加值,减少不必要的损失,保护农户利益,增加农民收入。家庭农场则更直接地从事农产品的生产经营活动,在龙头企业和农民合作社的支持与帮助下实现增产增收。

2. 具有促进农业增效、促推乡村振兴战略的功能

龙头企业、农民合作社和家庭农场三者均能通过先进的生产加工技术对农产品的品质进行改进提升,使其更符合当前消费者对农产品高质量的要求;通过品牌策略扩大农产品的影响,使其深入人心,形成强大的市场和充分的需求;通过规模化生产经营有效降低农产品成本,逐步形成国际竞争力。产业的发展必将有力地促进农业增效,促进乡村振兴战略的实施。

3. 具备推动产业结构调整、促进农业供给侧结构性改革的功能

龙头企业、农民合作社和家庭农场都是我国农业供给侧结构性改革的主力军，它们可以利用国家给予的政策更有效地开展生产经营活动；它们能主动地与市场接触，加大对农产品的更新换代的主动性和积极性；它们能积极地采用先进的技术手段提高农产品的质量与数量，实现规模效益和生态效益。它们会根据我国农业供给侧结构性改革的需要，努力改善农产品的品质，为社会提供更多高质量的农产品，满足消费者对更安全、更营养农产品的需要，不断促进当地产业结构的调整，促进我国农业供给侧结构性改革向深入开展。

（二）龙头企业、农民合作社和家庭农场三者相异之处

虽然龙头企业、农民合作社和家庭农场貌似相同，都具有法人资格，都与农业打交道，都在农村经济发展中发挥着相近的作用，但三者在许多方面也存在着较大的差异。

1. 组建的依据各异

龙头企业是根据我国有关企业登记注册管理有关规定建立起来的相对独立的经济组织。而农民合作社则是根据《中华人民共和国农民专业合作社法》组建的互助型经济组织，这是它们根本的不同。家庭农场则要以家庭为基本经营单位，经营规模适度并保持稳定，经工商登记注册，有较完整的财务收支记录。申请登记为个体工商户的家庭农场将依据《个体工商户条例》及相关规定办理登记；申请登记为个人独资企业类型的家庭农场则依据《个人独资企业法》及相关规定办理登记；申请登记为合伙企业类型的家庭农场要依据《中华人民共和国合伙企业法》及相关规定办理登记；申请登记为公司类型的家庭农场则依据《中华人民共和国公司法》及相关规定办理登记。

2. 原始产权的性质各异

龙头企业的原始出资是其今后获得分红的依据,根据出资额的多少获得相应的红利,因此,龙头企业的原始产权是出资人获利的基本依据。而农民合作社的原始出资只是获得成员资格的基本凭证,获利多少并不和出资多少存在对应关系,而与成员对合作社的交易量(额)多少有关。而家庭农场的原始产权归农户个人,因此,它的收入也就是该家庭的劳动所得,一般不存在分红、分利的问题。

3. 与成员的关系各异

龙头企业与成员之间的关系是劳动雇佣关系,决策权只掌握在少数出资多的或由他们委派的高层管理者的手中,普通成员很少能够参与经营管理与决策,他们之间更多的是雇佣和被雇佣、管理和被管理的关系。而农民合作社是劳动者的联合体,成员均是合作社的主人,一般采用民主管理、民主监督、民主决策的管理模式,社员既是劳动者,也参与合作社的管理,是一种相对民主和放权型的组织。家庭农场则是高度自由、民主的组织形态,因为农场的成员主要是家庭成员,农场主和家庭成员之间关系密切,农场主和成员意见容易形成高度一致,关系平等和谐。但由于生产经营活动需要所雇佣的家庭以外的成员则和农场主形成了雇佣关系。

4. 决策方式各异

由于股份制龙头企业是实现了资金的联合,在企业中的权利大小取决于出资数量的多少,决策中实行一股一票,股多权大,股少权小,无股无权,虽有一定民主决策的因素,但控股者在决策中具有绝对权威。随着股额向少数人手里集中,决策权则向少数人集中,甚至向个人独断专行发展。在非股份制龙头企业中,凡是有关企业发展的大事和关系到广大职工切身利益的问题,都要经过职工代表大会的讨论后再做出决定,充分发扬民主管理的作用。而农民合作社实行的是劳动联合,实行一人一票制,出资多的社员对分配与决策并没有优势。根据有关规定，出资额较多或与合作社交易量（额）较大的社员只享有附加表决权，且附加表决权总票数不能超过成员基本表决权总票数的1/5，因此，农民合作社对所有社员相对公平的一种组织。家庭农场多由农场主个人做出决策，采用的是个人决策方法，当然农场的不少问题他也会征求家庭主要成员的意见，最后由农场主拍板定案，因此，它是一种相对集权的管理模式。

5. 分配机制各异

龙头企业经营所得的净盈利按股份分配，采用按资分配的办法。而农民合作社经营所得的净盈利则是按社员与合作社之间的交易（量）额进行分配，交易额实际上就是社员独立、自主从事的生产劳动的产品或被加工品、消费品的价值量，就是社员劳动量的表现，农民合作社采取的是按劳分配。这是农民合作社与其他企业、其他经济组织的最根本、最本质的区别。家庭农场的利润分配则十分简单，主要由农场主自己掌握，将其劳动所得用于家庭成员的生活、学习、个人发展、旅游娱乐等以及所雇员工的劳动报酬，采取的是"按需+按劳"分配的办法。

6. 利益追求各异

龙头企业经营的经济目标不仅要获得较多的盈利，还希望给出资人更多的红利，给企业员工更多的报酬，给消费者更多的实惠。农民合作社在面对市场的经营活动中同样也在追求利益，但追求利益的重点是为成员获得更多的盈余，为了农民合作社在市场上更多的话语权。从外部来看，合作社是个追求利益的经济实体，从内部来看，合作社对成员不以营利为目的。家庭农场同样要追求经济利益，其主要目标是使家庭获得更多的盈利和更多的幸福感，迫切希望实现所生产经营产品的价值最大化。

7. 退出形式各异

入股股份制龙头企业的出资人在退出时，其股金是无法退还的，但可以在内部办理转让股权手续后退出，以确保企业资金的稳定。而作为非股份制龙头企业的员工则可以遵照国家有关法律和企业的制度要求进行合理的自由流动，以保持企业的旺盛生命力。而农民合作社的成员具有入社自愿、退社自由的权利，退出时按照合作社的相关规定，退还该成员的出资额和公积金金额。家庭农场则不存在如此问题，因为它都是以个体家庭为单位，既不存在加盟，也不存在退出的现象。

（三）龙头企业与农民合作社、家庭农场三者关系密切

龙头企业、农民合作社和家庭农场的发展对我国农业农村社会经济发展都发挥了积极的促进作用。尤其近三年，在龙头企业的带动下，农民合作社、家庭农场在产业链延伸、产业融合方面已经迈出了可喜的步子，取得了初步成绩。因此，三者之间呈现出相互促进、相互制约、紧密联结的态势。

1. 农民合作社和家庭农场的发展成为促进龙头企业发展的重要条件

第一，农民合作社和家庭农场的创建和发展，减少了龙头企业成本，促进了龙头企业的发展。《中华人民共和国农民专业合作社法》出台之前，带动农户参与产业化经营的模式主要是"龙头企业+农户"，多是龙头企业与单个农户"一对一"地交易，企业为保证自身的利益，势必加大对农户管理、合同签订、原材料质量和数量的管理力度，耗费了太多精力，致使管理成本提高。农民合作社的建立和家庭农场的出现为龙头企业较好地解决了这一难题，龙头企业只面对合作社，经协商后签订合同，合作社按合同要求，有目的地组织生产、收购并严把产品质量关。这样极大地解放了龙头企业，把企业从以前面对千家万户的繁杂事务中解放出来，不仅明显减少了各项成本开支，提高了企业的经济效益，而且还能使企业用更多时间和更充沛的精力投入企业远景发展的宏伟规划中。

第二，农民合作社和家庭农场的创建和发展，为龙头企业提供

了数量充足、质量可靠的原材料,确保龙头企业的持续发展。龙头企业通过合作社可以规范和约束家庭农场和专业大户以及一般农户的生产经营行为,提高原材料的产品品质,为龙头企业提供符合市场需要、符合产品质量要求的原料,为生产高品质的产品提供了原料保障;龙头企业通过对合作社和家庭农场的统一经营和联合,可以很容易地获得新产品的试验生产基地,并不断地改良和创新产品走向市场,为不断创新产品提供了充分的发展空间;龙头企业通过与合作社和家庭农场的合作,保证获得相对稳定的原材料,解决了企业原材料供应的问题,使企业能够放心发展。

2. 农民合作社和家庭农场的发展也离不开龙头企业的大力支持

第一,龙头企业是农民合作社、家庭农场生产经营所需资金和技术的强大后方,较好地满足了农民合作社和家庭农场发展的需要。由龙头企业创办的农民合作社可避免农户自发集资兴办合作社所遇到的起步难、规模小、发展资金后劲不足等问题。为了使合作社所提供的产品能符合市场需求,龙头企业必然会对合作社进行必要的资金和技术的投入,使其技术和产品符合龙头企业的标准,能经受市场的检验,这样不仅减少了合作社独自闯市场的风险,还有利于农民合作社迅速起步发展。为了保证合作社能够提供符合企业标准的农产品,企业可提供一系列服务,有的企业还办理了农业保险等,使合作社养殖户解除了后顾之忧,使合作社发展有了一个良好的开端。家庭农场在同龙头企业的合作中,围绕其需要组织农产品的生产,龙头企业为确保原材料的数量和质量,必然会向家庭农场投入一定的资金、技术和输入先进的管理方法,使家庭农场受益。

第二,龙头企业为农民合作社和家庭农场开辟了稳定的销售渠道,确保了农民合作社和家庭农场产品的快速销售。农民合作社和家庭农场已成为龙头企业原材料的重要来源,即通过多种形式向龙头企业销售合作社成员和家庭农场所生产的产品,龙头企业按合同全部吸纳合作社成员和家庭农场的产品,较好地化解了以往独立面对市场所遇到的各种风险，有效地解决了过去农产品"卖难"的问题，减少了农户因产品销售不畅所造成的损失，既保护了广大农户的利益，又使广大农户的收入水平有明显提高，同时持续稳定的收入又进一步激发了农户生产的积极性，更有力地促进了农民合作社和家庭农场的持续稳定发展，使龙头企业、农民合作社和家庭农场进入良性循环发展的快车道。

3. 龙头企业与农民合作社和家庭农场在相互制约中求发展

龙头企业与农民合作社和家庭农场既相互促进发展，又相互制约。当农民合作社和家庭农场提供的产品品质不能达到龙头企业的标准和要求时，龙头企业就可能会另寻原料来源，从而农民合作社和家庭农场也就失去了稳定的销售渠道。在农产品的交易过程中，由于交易成本、交易时间以及原料交易价格的变化、履约情况等，都可能会导致他们之间的合作无法维系，最终农民合作社和家庭农场的正常发展必然会受到影响。农民合作社和家庭农场只有不断改良产品品种、提高产品品质，才能拥有与龙头企业长期合作的可能。同样，当龙头企业与农民合作社和家庭农场的利益发生不可调和的冲突时，农民合作社和家庭农场也会义无反顾地重新选择合作伙伴，龙头企业赖以生存和发展的重要原材料基地将会失去，将会面临"无源之水""无本之木"的局面。因此，龙头企业只有尊重并维护农民合作社和家庭农场的合法权益，才会拥有双方合作的资本。所以，龙头企业与农民合作社和家庭农场既是合作伙伴，又是谈判对手，既有个体需要，更有共同追求。

二、龙头企业、农民合作社和家庭农场的重要作用

党的十九大报告明确提出了乡村振兴战略，把巩固和完善农村基本经营制度和构建现代农业产业体系、生产体系、经营体系等作为今后一个时期的重点工作。龙头企业、农民合作社和家庭农场作为新型农业经营主体的重要组成部分，是打造现代农业产业体系、

生产体系、经营体系的积极践行者、贡献者和排头兵，也是推进当前农业产业化经营、健全新的农业社会化服务体系的生力军和排头兵。但是，龙头企业、农民合作社和家庭农场的功能作用往往有所差别，各有其比较优势和相对不足，应该实事求是地、辩证地看待，这对充分发挥它们三者的优势，补足它们的短板，携手共同实施乡村振兴战略是非常必要的。

（一）龙头企业是全面实施乡村振兴战略的骨干力量

乡村振兴首先要求"产业兴旺"，而产业兴旺具体在我国农村就应该是一二三产业高度融合发展，构建现代农业产业体系、生产体系、经营体系。龙头企业要在促进乡村振兴中走在前列、做好示范、当好表率，使龙头企业成为产业兴旺的带动者、生态宜居的创造者、乡风文明的倡导者、治理有效的执行者和生活富裕的守护者，成为推动乡村振兴战略的骨干力量。

党的十八大以来，我国农业产业化发生了巨大变化。目前，全国各种农业产业化组织已达 41.7 万个，其中龙头企业 13 万家，占 31% 以上，年销售收入达 9.7 万亿元，对促进我国农业供给侧结构性改革、保障我国优质农产品有效供给发挥了极其重要的作用，成为新一轮农业结构调整、产业升级和乡村振兴的带动力量。龙头企业是我国实现农村三产融合的先锋，始终坚持创新驱动，在发展生鲜电商、产业链金融等新业态方面做出了积极贡献，在新型农业经营主体的建设与发展中的领头作用更加突出。当前，省级以上龙头企业中拥有一大批研发科技人员，科研团队已经形成，科技创新发展已成为龙头企业可持续发展的新标志和新特征。在龙头企业的组织与带动下，农民合作社、家庭农场和广大农户纷纷与之形成联结，由过去独立单干到联合发展，由过去传统方式发展到逐步实现集约化发展，形成经济利益共同体，在脱贫增收、实现小农户与大市场和现代农业的衔接方面，发挥了强大的辐射带动作用。

在现代农业产业体系、生产体系、经营体系的建设过程中，在我国乡村振兴战略推进的进程中，龙头企业面临着许多新的发展机遇，必将成为重要的参与者、积极的贡献者和高水平的引领者。如果工作顺利、引导得当，龙头企业还很可能作为实施乡村振兴战略的重要组织者，甚至可能成为促进农业产业化利益联结机制形成、促进农业发展由生产导向向消费导向转变的主动探索者。目前，安徽、宁夏、河北等地的农业产业化联合体的发展正如火如荼，其中龙头企业的骨干作用日益显现出来。

新时代在召唤，2035年我国将基本实现社会主义现代化，人民群众日益增长的美好生活需要，实施乡村振兴战略所提出的艰巨任务，都对龙头企业的发展提出了新要求、新希望。龙头企业只有不辱使命，敢于担当，积极响应国家号召，主动构建农业产业链、完善供应链、提升价值链，促进农村一二三产业融合发展。同时，主动参与产业扶贫，切实履行社会责任。龙头企业要应用新理念，建立现代企业制度，发展农产品精深加工，建设物流体系，健全农产品营销网络，主动适应和引领产业链转型升级。龙头企业应强化供应链管理，制定农产品生产、服务和加工标准，示范引导农民合作社和家庭农场从事标准化生产。龙头企业要发挥产业组织优势，采取多种形式，联手农民合作社、家庭农场组建农业产业化联合体，为建设山青水美、农民富裕的新农村，为全面实施乡村振兴战略打好攻坚战，当好排头兵。

（二）农民合作社是全面实施乡村振兴战略的基本力量

随着乡村振兴战略的逐步实施，农民合作社的独特作用必将展示出来。在农业产业化过程中，我们发现龙头企业和家庭农场以及广大农户之间的利益关系很难达到一致，需要在他们之间加上农民合作社这个中介组织。农民合作社是现代农业建设的重要组织形式，是农业产业化发展的重要载体，是培训农民并提高农民素质的重要组织，也是增加农民收入的重要平台。农民合作社是联结广大农户的有效载体，它为农户提供和大市场对接的平台，为提升分散农户的组织化水平和市场地位并在许多方面成为广大农户经济利益的保护神；农业合作社还为农业生产经营者提供各种服务，是农业社会化服务的重要供给主体，是我国现代农业的忠实服务员；同时农民合作社还是我国农业农村发展各种利益主体联结的重要桥梁，它还致力于通过与科研机构、高等学校、龙头企业等主体的相互协作，成为各利益主体联结的纽带，因此，它又是我国农业农村发展中各经营主体间以及与政府间不可缺少的联络员。办好、发展好农民合作社关乎新农村建设、关乎农民增收、关乎农村经济发展，关乎乡村振兴战略的有效实施。

从全面实施乡村振兴战略的高度看，农民合作社的独特作用可归纳为以下内容：从产业兴旺角度看，农民合作社可能成为发展当地适宜的特色产业的重要载体，可根据"一村一品"的要求，充分发挥本地资源优势，生产特色鲜明、品质超群的产品，打通销售渠道，采用现代化的销售模式，延伸产业链，实现产业融合，为农业增效、农民增收创造条件，确保产业兴旺的实际效果；从生态宜居的角度看，农民合作社能引导家庭农场和广大农户进行绿色生产，用有机肥代替化肥，用生物农药代替传统农药，多采用绿色饲料，注重土壤改良，减少乡村环境污染，创造美丽幸福的家园；从乡风文明的角度看，农民合作社是开展乡风文明教育、树立良好乡风的最好阵地，可以通过农民合作社进行村民的文化教育和农业生产技能的培训，提高他们的综合素质，可以通过农民合作社传承本村人文风俗和历史文化，留住乡情，留住乡音，促进乡风文明建设，提升乡村的文化内涵和品位；从治理有效的角度看，农民合作社可以对合作社社员进行法制和道德方面的教育，提高他们的法制观念，培养新时代知法、懂法、守法的新型农民，在乡村中实行法制管理，解决当前农村中不规范、不遵守法律的各类问题，使我国农业农村的发展行进在高度法制化的轨道上；从生活富裕的角度看，农民合作社可以通过周密的组织，实现规模化生产，从而获得规模效益，可以推广农业生产的先进技术和行之有效的管理方法，提高劳动生产率，降低农业生产经营成本，实现产业的融通融合，分享融合效益，确保农民收入保持持续、稳定、有质量增长，提高我国农民的生活水平和生活质量。

（三）家庭农场是全面实施乡村振兴战略的重要基础力量

实施乡村振兴战略的出发点和落脚点都是为了广大农民的根本利益，关键在抓落实，而具体的落实要体现在我国众多的家庭农场的作用是否得到真正发挥上。尽管我国的家庭农场起步较晚，层次较低，发展缺乏后劲，存在诸多问题，但它在乡村振兴战略实施中的重要基础地位不可忽视和动摇，没有家庭农场的发展，从某种意义上来说，是很难真正实现乡村振兴战略目标的。

家庭农场作为新型农业生产经营主体的主要构成部分之一，它不仅适应了我国三十多年改革开放发展的需要，也适应我国农业的历史性变化要求，它更适宜于中国小规模农业未来的发展走势，尤其适宜于农业生产的自然特征和经济特征。随着乡村振兴的力度不断加大，许多在外务工的青年农民纷纷返乡创业，建设美丽新农村，开启了家庭农场新一轮大发展的序幕。这些有志青年带回了资金、带回了经验、带回了资源，更带回了敢于创新的观念，他们将成为未来家庭农场的主角和进一步推动乡村振兴的主力。乡村振兴的关键是"产业兴"，而产业是否兴旺往往取决于家庭农场在农村产业发展中的基础地位发挥的状况，如果缺少家庭农场的蓬勃发展，农民合作社就会失去存在的意义，如果没有家庭农场和广大农户提供质量优良的原料，龙头企业的精深加工便成了"无源之水"和"无本之木"。家庭农场通过实施绿色生态发展，控制污染源，使用安全的种子和饲料，农作物和土地没有重金属污染，农牧共生互动，生态良性循环，实现安全生产，为乡村振兴提供良好的生态宜居环境。为广大农户造福，为人类造福，家庭农场在乡村振兴战略实施过程中一定能大有作为。家庭农场快速健康发展的事实将告诉人们：家庭农场将是今后有奔头、有盼头的行业，经营家庭农场将成为受人尊重和羡慕的职业，家庭农场主将成为乡村振兴的模范和功臣。

（四）在乡村振兴战略实施中具有天然联系和不可替代性

从乡村振兴和参与国际竞争以及保护农民切身利益等多视角看，龙头企业、农民合作社、家庭农场可以说是"一个都不能少"。龙头企业作为企业而言都会天然地具备一定的"逐利"属性。在社会主义市场经济条件下，每一个企业都会利用各种手段、通过多种途径以获取自身利益，在法制不健全、道德不完善的情况下，各种竞争手段中有合理合法的，也有不合理不合法的。在新型农业经营主体这个大家庭中，如何发挥好龙头企业这个"兄长"的带头作用，防止处于强势地位的"兄长"对处在弱势地位的"弟妹"（农民合作社和家庭农场）"有意"或"无意"间的"欺负"，谋求大家庭的和谐共赢理当成为政府需要慎重考虑的问题，也应成为理论界需要认真研究的重要课题。据有关研究表明，博弈论专家认为：即使在理性、自私的不利条件下，博弈的双方只要采取合作竞争的态度，是完全能够出现"多赢"结果的。也即是说，龙头企业、农民合作社和家庭农场都要自觉地规避"套牢问题"，努力脱离"囚徒困境"，要从长远发展的角度考虑相互的合作，以期实现共存共赢。龙头企业要想做大做强，必须要有强大可靠的后方基地（稳定、高效、按照标准化生产的原料基地），充分发挥弟妹们的作用；农民合作社和家庭农场要想与"大市场"对接，完全抛开"兄长"的引领也很难有所作为。三者理应形成一种长期的、稳定的、高效的、合作竞争的战略伙伴关系，成为"经济命运共同体"，以求大家庭的兴旺发达。

龙头企业、农民合作社和家庭农场在形成战略合作伙伴关系之后，家庭农场和农户在联合体的指导下，根据事先的约定进行有目的的投资，按照标准化要求开展生产活动，解除了农产品产后滞销的后顾之忧；而龙头企业则能全身心地投入市场开拓和企业转型升级工作，从根本上解决"农残""标准化程度低"等困扰企业的技术壁垒问题，极大地增强了龙头企业的竞争实力。这种战略合作伙伴关系逐步由市场合约关系上升为紧密联结关系，因而联合体各方之间的关系比以前要牢固许多，为确保合作各方在竞争中实现多赢创造了重要的前提条件。

实施乡村振兴战略，"产业兴旺"居于首位。因此，发挥好龙头企业、农民合作社和家庭农场等新型农业经营主体的作用举足轻重。龙头企业的中坚作用，更应引起重视。龙头企业、农民合作社和家庭农场理应成为推进农业供给侧结构战略性调整的排头兵，应充分发挥增强农业创新驱动能力的生力军作用。随着新型农业经营主体联结机制的建立和完善，产业化联合体必将不断发展壮大，我们完全相信，龙头企业、农民合作社和家庭农场一定能对我国乡村振兴战略的实施做出较大的贡献。

第二章　新型农业经营主体带头人

第一节　新型农业经营主体带头人的基本素质

老板喜欢有素质的 CEO，不喜欢自作聪明的 CEO。

一、新型农业经营主体带头人的三种意识

据农业农村部预测，到 2020 年，中国的粮食产量为 5.54 亿吨，缺口将加大到 1 亿吨以上。这表明中国既不是农业生产的大国，也不是农业生产的强国，而是正在成为农产品的纯进口国。

（一）保障国家粮食安全就是爱国

爱国体现的是人们对自己祖国的深厚感情，反映了个人对祖国的依存关系，是人们对自己故土家园、民族和文化的归属感、认同感、尊严感与荣誉感的统一。爱国调节的是个人与祖国之间的关系。对农民来说，把地种好，生产出量多质优的农产品，维护国家的农业安全，满足人民的需要就是爱国的最为集中的表现。俗话说，"手中有粮，心中不慌"。只要粮食不出大问题，中国的事就稳得住。而没有粮食安全，就没有国家的安定团结。粮食供应充足，则民心稳定。在我们这样一个人口大国，只有国家粮食安全了，实现了经济发展、社会稳定，国家安全的基础才可能牢固。所以，习总书记强调，中国人要把饭碗端在自己手上。

粮食安全是国家长治久安的重要基石。古人讲，民以食为天。对中国这样的人口大国，粮食安全尤为重要，任何时候都不能掉以轻心。随着人口的增长和城镇化发展，全社会对粮食及其转化产品的消费大幅度增长。中国的粮食生产渐渐不能满足需求，缺口日益

增大。

新型农民是现代农业发展的主体,承担着国家农业安全的重要职责,各种现代农业经营主体,如发展家庭农场、专业大户、农民合作社等是新型农民的重要存在形式。新型农民要认识到农业对国家安全的重要意义,始终把发展农业作为农民的首要责任,特别是承包大户、家庭农场、龙头企业等新型主体,不能见利忘义,不能擅自改变耕地用途搞非粮化、非农化,要始终把维护国家的农业安全放在首位。

(二)遵纪守法

作为新型农民必须具备一定的法律知识。

一方面,新型农民要学法、懂法、自觉遵守法律,从而避免因为不知法而违反法律。特别是要熟悉与农业、农产品有关的法律法规,如中华人民共和国农业法、农业技术推广法、种子法、森林法、野生动物保护法、农业转基因生物安全管理条例、植物检疫条例、基本农田保护条例、农药管理条例、野生植物保护条例、自然保护区条例、退耕还林条例、农产品质量安全法等。通过学习法律懂得新型农民的角色规范,明确自己的权利、责任和义务。

另一方面,新型农民要注意保护自己的各种合法利益不受侵犯,要掌握一些基本的民法知识如合同法、物权法、婚姻法、继承法等以及行政法的基本知识。比如,新型农民在进行经营的有些情况下需要签订合同,以免发生纠纷时处于不利地位,无法维护自己的权益。

了解一些法律常识,也可以避免上当受骗。

(三)负责任的公民

作为社会中的公民,社会保障公民享有权利,公民也要承担社会责任,只有这样,公民和社会之间的相互责任承担才会进入良性循环,有助于社会和谐发展。如果公民只想享受权利,不愿意承担任何责任，那么公民和社会之间的相互责任承担，会陷入恶性循环。

在最基本的层面上，社会责任意识表现为遵纪守法、正派为人、正确做事、有公德心。在公共场合不随意吸烟、不乱吐痰、不乱扔垃圾、不影响公共环境、有环境保护意识等则是最基本责任行为。

农业作为社会中较重要的领域，负有为社会提供安全农产品的责任。

中国农民具有优良的社会责任传统，如珍惜土地、保护环境、诚实守信，主张天人合一、尊重自然等。农民是一个天然地对土地和环境负责任的群体，每年可以看到的全国各地农民抗旱播种、抗洪救灾、平整土地、修建梯田、挖渠引水、邻里互助等，都是农民责任心和责任行为的具体表现。

但是，也应该看到，有一些农业生产者，为了获得较高的产量和收入，大量使用化肥和农药，甚至施用国家明令禁止的剧毒农药；或者在饲料中违规过量添加激素；在缺乏必要卫生条件的小型食品加工厂和作坊中加工食品，在加工过程中添加有毒、有害的物质以保持食品欺骗性的色泽和外观。流入市场的毒米毒面、毒肉毒蛋、毒油毒菜，损害了消费者的健康，也影响了中国农业的声誉。

新型农业经营主体带头人从事的是现代农业，现代农业不是封闭的、自给自足的农业，而是开放的农业。因此现代农业对农民提出了更高的要求，特别是要求农民的责任观念须发生根本变化。人的责任是同人的自由选择的范围和自由选择的能力紧密相连的，人类每一次实践活动的重大飞跃都表现为人的选择范围和选择能力的扩大，因而人的社会责任也必然随之扩大。在现代农业条件下，人的社会责任的问题变得比以往任何时候都更加突出、尖锐。现代农业的发展，既创造了前所未有的创造力，也造成了前所未有的破坏力，它为人的发展和人的能动的创造精神的发挥开辟了巨大的可能性，但同时也可能带来人控制不了的破坏人类的生存基础的严重后果。在这种情况下，人的社会责任问题变得空前的尖锐，人类从来没有像今天这样负有如此巨大的社会任务。新型农业经营主体带头人不仅要对自己负责，也要对他人、生态环境、社会和后人承担责任。

首先，现代农业条件下要求新型农业经营主体带头人对未来承担责任。传统农业环境下，由于四季轮作的劳动方式和"日出而作，日落而息"的生活方式，使人们没有未来的观念，在极为有限的生产力水平基础上形成的时间视野是极为有限的。在那个时代的人看来，时间是周而复始的，历史也是无止境的重复，由此形成的价值观念要求人们重视经验，遵守古制，对过去负责。在工业化冲击下形成的"石油农业"，以农业机械和化学农业为特征，对土地进行掠夺式经营，其价值准则是争取现世的成功和眼前的利益，既无须顾及过去，也无须顾及未来。而在现代农业条件下，未来问题就变得异常突出。这是因为现代物质条件装备的农业和现代科学技术的广泛应用，极大地提高了人们改造自然的能力，改变了农业生产的纯自然过程，可以使人按照人的意愿来发展。未来不再是一个与现在行为无关的外在行为，而是成为人们主动创造和选择的对象。不负责任的农业行为必然会给未来带来灾难，这就要求现代农民必须是一种具有高度的智慧、高尚的道德和健康情操的全面发展的"创造着的人"。如果不能培养和造就出这种新型农民来，我们的现代农业就难以形成，甚至给未来带来灾难。因为农业生产过程的高度现代化，要求人们具有更高的责任和道德上的可靠性。

其次，现代农业要求新型农业经营主体带头人对自然界负责。随着现代农业改造自然能力的提高，其中隐藏的消极后果也逐渐暴露出来，即人类对自然资源的消耗已经大大超过了自然界的再生能力。支持着人类生存的农地、牧场、森林和渔业四大系统，正面临着过度开发，由此引起的环境污染、能源危机、水土流失、物种灭绝等问题，对人类的生存和发展构成了威胁，这就不得不重新审视、检讨人与自然的关系。过去我们曾以大自然的主人自居，现代农民既不是大自然的奴仆，也不是大自然的敌人，当然也不会是大自然的主人，而是与大自然和谐相处的朋友。

科学家们反复告诫我们一个最基本的事实："人类只有一个地球"。过去农业发展中一些不负责任的做法，不仅不能给子孙后代留下一个美丽的地球，而且还预支了属于他们的一份资源。因此，发展可持续农业，减少对环境的污染就成为现代新型农业经营主体带头人的重要责任。

最后，现代农业要求新型农业经营主体带头人对全人类的发展承担责任。开放的市场经济日益把世界连成一个整体，中国农民的行为不仅影响中国，也影响世界。因草原的破坏引起的沙尘暴，因粮食减产导致世界粮价的上涨以致引起世界恐慌，农药、添加剂的滥用导致的食品安全等，其影响都超出了国家的范围而成为世界的共同问题。当今的农民不再是"老死不相往来"的小国寡民，更不能是"人对人像狼一样"的两脚动物，现代农业的迅速发展，客观上为造就一代新型农民提供了前所未有的可能性。但是，同样也应该看到，人和技术的关系也是一个历史的范畴，只有当农民真正处于对现代农业技术支配地位时，现代农业的发展才能成为推动人类发展的有效力量。

二、新型农业经营主体带头人的四种精神

（一）讲信用

秦朝末年，有个叫季布的人，因为说话算数，信誉非常高，许多人都与他建立了深厚的友情。当时流传着一种说法，得黄金百斤，不如获得季布的一个承诺，这便是"一诺千金"这个成语的由来。一个人言行一致、诚实有信，就能获得大家的友谊、帮助、尊重和威信，最终获得成功。不守信的人，便会失去别人的信任，一旦处于困境，很难获得救助。诚信是中华民族的传统美德，在长期的社会道德实践中，诚信一直被人们视为安身立命之本、道德修养之基。

中华民族素有"一言既出，驷马难追""言必信，行必果"的诚信品质，我国古代的诚信，主要是一种道德诚信，而现代市场经济意义上的诚信，则主要是一种法律诚信和制度诚信。

"人无信不立，家无信不睦，商无信不兴，友无信不真，国无信不强。"无论对一个人、一个家庭、一个企业、一个民族、还是一个国家来说，诚信都至关重要。对人以诚信，人不欺我；对事以诚信，事无不成。一个人人都讲诚信的社会必将是一个文明、温馨的社会。海南省屯昌县新兴镇群发养猪农民专业合作社理事长陈延发，第一次向农信社贷款时额度仅为5 000元，经过7次贷款后，凭借优良的信用记录获得了10万元的"一小通"循环贷款额度。信用好的农户贷款额度不断提升，可以帮助农民发展生产和解决生活中的很多问题。

新型农业经营主体带头人的诚信建设，不仅促进了农村和谐、为农业产业化创造了良好的发展环境，而且对增加农民收入、改善生活条件起到了巨大的带动作用。但是，我们不得不承认，农民的诚信缺失已成为一种普遍的现象。"人无信不立"，这个中华民族的千古信条，而今却面临着极大的挑战。

在山西的一些村庄，有收购商每年在水果成熟的初期，想打时间差购得果子卖个好价钱，因为时间紧来不及检查，就让果农自己装箱，结果有些果农把不符合标准的果子冒充好果子装箱，导致收购商利益受损，不再愿意收购当地果农的水果，影响了当地果农的收入和水果的价格。

由于缺乏信用意识，导致信用受损的现象也经常发生。安徽望江县的农民张其华省吃俭用多年后有了一笔可观的积蓄，准备在县城买个大房子。当他信心满满地向银行申请贷款时，意外出现了。银行工作人员对他说，"你的信用记录有问题，我们不能给你贷款。"原来，张其华3年前给一位朋友作担保办了一笔5万元的贷款，然而朋友因为做生意赔了钱，一直没有还清这笔欠款。这影响到了张其华的信用，使他在需要时贷不到款。不少农民存在这样的情况，有时贷款进行种植或者养殖，效益不好又再次贷款种植或者养殖其他作物或禽畜，几年下来赚不到钱，欠款无法还清，还在银行留下不良记录。等真正遇到好的机会，已经没有银行愿意贷款了，不但影响了自己的信用，也影响到担保人的信用。因为农民的诚信意识淡薄，结果导致各个银行不敢贷款给农民。

现代市场经济同时也是信用经济，需要良好的信用支撑，它要求人们在社会经济活动中以诚信为本，具有重承诺、守信用、讲信誉等良好品质。靠良好的信誉赢得市场的经营主体会获得丰厚的回报。如果丧失诚信，消费者会拒绝购买经营者的产品，会给生产经营带来巨大危害。没有诚信的经营无法在市场经济的竞争中生存和立足。以诚为本、诚实经营，才能立于不败之地。

如果农民在农产品生产中缺乏诚信精神，一是使消费者买到劣质和不安全的农产品概率增大，增加交易主体的防御成本；二是导致市场秩序混乱、萎缩甚至消亡。轻则伤害的是农产品消费者的购买信心，重则危害消费者的人身健康，甚至会阻碍中国农业的国际竞争力。缺乏诚信精神最终受害的是全社会，也包括农民自己。诚信精神在任何行业中都是十分重要的品德，对新型农业经营主体带头人而言更应受到推崇和重视。

（二）遵守契约

在我们的生活中，契约关系十分普遍，如婚姻其实就是一种契约关系，夫妻双方的相互信任是签订契约的前提，信用伦理是履行契约的支撑。结婚证便相当于书面契约，让夫妻双方对家庭负有责任和担当。履行契约规定，可以让夫妻和睦，家庭美满。现在的市场经济，是一种契约经济。在农业生产中，现在越来越多的经营需要签订合同，合同就是保证买卖双方利益的契约。

如何保证契约双方履行自己的义务，是维护市场经济秩序的关键。一方面，我们强调市场经济是法治经济，用"法律"的手段，来维护市场的"秩序";同时,我们还必须用道德的力量,以"诚信"的道德觉悟,来维护正常的经济秩序。市场经济的健康运行,不仅靠对违法者的惩处;更重要的,要使大多数参与竞争的人,能够成为竞争中的守法者,成为一个有道德的人。人们想方设法获取利益,人和人之间的交往就无法进行。违反契约,市场经济的正常秩序是根本无法建立起来的。

(三)现代农业离不开科学技术

人们常说,发展农业,一靠政策,二靠科技,三靠投入,最终要靠科学技术解决问题,科学技术是农业发展的根本出路。无论是提高农业产量,还是改善农产品品质,或调整农业结构、发展生态有机农业等,都必须依靠科技进步。

靠科技致富的例子不胜枚举,不懂科学技术知识而导致失败的例子也不在少数。一些人凭着一股热情承包耕地,但不懂农业技术导致投资血本无归;一些人不懂施肥灌水技术,导致农产品品质下降。新型农业经营主体带头人唯有熟练掌握科学技术才能不断提高农业劳动生产率,提高农产品的产量,改进农产品的品质,并减少有害生物和不良自然条件造成的损失。

新型农业经营主体带头人不仅要善于运用农业科技,同时还是实用技术的研究者和贡献者。最近一些年涌现不少农民育种专家、农业机械发明家,大量的新设施、新栽培方法、新的管理技术都是出于"田秀才"之手。各类新技术、新理念都是在新型农业经营主体带头人这里汇集、实验、扩散,新型农业经营主体带头人应该成为农业实用技术推广与应用的带头人。

(四)热爱农业

农业生产是一个依赖经验的行业,只有在长期的实践中不断积累各种生产经验,才能成为种田能手。因此,要求新型农业经营主体带头人首先要尊敬和热爱自己所从事的农业生产或经营活动,培养踏实认真、尽职尽责、爱岗敬业的工作态度，努力成为农业生产与经营的行家里手。这既是对社会承担职责和义务，又是对自我价值的肯定和完善。在生产过程中，以诚信的态度对待生产的每一个环节，不违规使用农药，不破坏生态环境，按照科学程序和标准进行生产，为社会提供充足、优质、安全的农产品。在销售过程中，实事求是，童叟无欺。

新型农业经营主体带头人要对自己从事的工作高度负责，不断提高技术水平。农民的很多工作都在户外，主要是和大自然打交道，不仅常常要经历日晒雨淋，还要时刻准备与自然灾害作斗争，风、雹、旱、涝、低温、高温、虫害、病害等经常会威胁农作物的安全，农民需要勤劳，需要持久的耐力和顽强的毅力，没有对农业的热爱和兴趣是难以坚持的。

新型农业经营主体带头人需要不断创新。农业生产的每一个环节都是一个充满创造力的活动，新型农业经营主体带头人不仅要把已有的科技创造性地运用于生产，而且要不断地发现新问题，创造出解决问题的新方法。面对世界科技进步日新月异的挑战，面对农业现代化的巨大需求，新型农业经营主体带头人需开阔眼界，紧跟世界潮流，自主创新，不断前进。

努力进行农业生产，保障农产品的安全，创社会效益，为社会服务，应该成为新型农民的职业理想。作为新型农业经营主体带头人，在农业生产和经营中应保持积极的态度，更好地履行自己作为新型农民的职责。在农业生产和经营过程中，新型农业经营主体带头人应对自身行为的结果和影响作出评价，用理性的态度对待农业生产、对待各类技术和各种利益的诱惑，自觉地履行现代农业生产经营者的职业责任，不断提高自己的职业技能，成为熟练的、有职业良心和职业信誉的从业者。

三、新型农业经营主体带头人的职业素质

有良好的职业道德,遵守职业规范和要求,高度的敬业精神和责任感。有很强的个人魅力,为人忠诚正直,重承诺、守信用,处事公正,具有宽广的胸襟。有良好的心理素质,自信,不怕挫折失败,百折不挠,勇于承担责任。有现代农业发展理念和互联网农业的职业习惯。

四、新型农业经营主体带头人的个人素质

(一)要有眼光,有胸怀,有胆识

新型农业经营主体带头人不能只看眼前利益,要从大局出发,公司、农场或合作社是大家的,是老板的,你是为大家和老板创造财富的,这就需要职业经理人放眼全局。

职业"猪倌"经理人赵鸿璋说,只有创造价值,自己才有价值。新型农业经营主体带头人的胸怀必须心系公司、农场或合作社,尤其要先老板后自己。胸怀远大的人通常会注重职业道德,树立职业口碑,不要计较得失,相信该得到的自然会得到。

从事新型农业经营主体带头人,没有几年的风吹雨打是历练不出来的,资深新型农业经营主体带头人说,一年入门,二年入行,三年赚钱,四年入市(行业市场)。

新型农业经营主体带头人要有点"傻子精神"。傻子有四个特质,分别是胆、识、定、修。

"胆"是指一种敢为天下先,挑战主流常规的勇往直前的气魄。

"识"是指突破传统观念束缚,要有与众不同的眼光。

"定"是指抵抗诱惑、心无旁骛、坚忍不拔、锲而不舍的态度。

"修"是指对修身养性,苦练功夫的追求。

关于胆识,人们在讨论温州人成功的秘诀时说,温州人胆子大,温州能干的人有魄力。干事业不是开玩笑,没有胆识是做不成大

事的。

胆识是一种智慧。魄力是一种能力。

(二) 让下属成强者

职业经理人自己能力强固然重要,带出一个能打硬仗的团队更重要。如何把下属的积极性调动起来,发挥整体的力量?办法是分类进行激励。

第一,对信心丧失但有能力的员工一开始就要他担当重任。激励他找回自信。常用激励的语言鼓舞他:我相信你!你真的能行!

第二,过分自信的员工一般运气好,经常受到领导的呵护,却鲜有锻炼的实际机会。对这类人可进行辅导性的鼓励。在他失败时不要过分责怪,允许他小败,给他重新站起来的机会。常用激励的语言安抚他:没事的!下次会好的!

第三,信心不足的员工通常容易情绪化,上司对我好,我就努力;上司对我不好,我就混日子。这类人要用公平、公正、平常的心来对待。承认他的努力,让他得到认同感。常用激励的语言安抚他:你的心情我理解,我相信你知道如何做好!

(三) 委以重任,不刁难下属,承认下属的努力

第一,不能对下属怀有戒备心理,人人都有自私的一面,怕下属超过自己是新型农业经营主体带头人常犯的错误。中国有句老话:"用人不疑,疑人不用"。曹操疑心大,失去了众望,这是他终难以得天下的原因之一。聪明的职业经理人是借别人的智慧为自己服务!

第二,面对下属的失败不能刁难或找茬,要就事论事,不要搞帮派而让团队成员来轻视或攻击失败者,"借刀杀人"是职业经理人最忌讳的做法。

第三,员工已经付出了努力,但是业绩上不来,职业经理人要找员工私下聊聊,共同分析原因,以朋友或兄长的身份来交心,充分尊重员工,这样员工的积极性才会被激励出来。常用激励语言:

你的努力一定会有回报的,慢慢来,我相信你!

(四) 善于听取意见

相信集体的力量。不怕问题多,就怕问题找不出来,更怕找不到解决问题的办法,所以要做到以下几点。

第一,不要空谈远大目标和诱人的结果,要听听大家的真实想法、工作难处,搞农业不能完全靠命令,员工的底子都不厚,边学边干是常有的事。管理农业生产团队,应该像管理果园一样,只有允许"百花齐放",才能"硕果满园"。

第二,多调查研究,在调查的基础上设计生产管理要素和指标,实事求是地制订实施方案!

第三,要激发员工的学习欲望,新型农业经营主体带头人要想方设法建立一个善于学习的、积极的、上进的团队!

第四,会安排时间开会,交代工作要注意把握时间不要拖拉,时间同样是现代农业的效益。

(五) 用实力证明自己的价值

新型农业经营主体带头人是企业主、农场主和合作社社长赋予你管理农业项目并创造利润的一个职位,不是特权,"不要拿鸡毛当令箭"。请注意,不要由于你职位的特殊性让员工当面怕你,背后议论你,这些表面平静的现象总有一天会激起"千层浪"!为了避免这种现象,作为职业经理人该做的是:不要拿自己的博士、专家、能人"头衔"工作,你的业绩靠实力说话,有思路,有办法才能证明自己的价值。

五、新型农业经营主体带头人的工作准则

(一) 汇报工作说结果

不要告诉老板工作过程多艰辛,大家多不容易。好结果不邀功,坏结果不找借口。除非老板说总结一下经验,或追问原因。

（二）请示工作说方案

老板不喜欢做问答题，喜欢做选择题。请示工作要做好几套方案让老板选择，并表达自己的看法，以供老板决策。

（三）总结工作说流程

描述工作流程要有重点、有经验、有教训、有反思，对农业的阶段性总结，有条有理才算总结到位。

（四）布置工作说标准

布置工作要有考核，考核就要有标准。根据标准可以确立工作规范，划定工作边界，衡量完成程度。

（五）关心下属问过程

向下属了解情况，要认真听他们汇报的工作细节和反映的问题；关怀下属，要找到感动下属的焦点。

（六）交接工作讲品德

交接工作时能把经验教训留下，把完成的工作和未完成的工作逐一交接，不设障碍，继任者自然会感激你。

（七）交流工作说感受

交流工作多说自己的感受，哪些是学到的，哪些是悟到的，哪些是反思的，哪些是努力的。

六、新型农业经营主体带头人的个人能力

（一）思考力

新型农业经营主体带头人要勤于思考，要会思考。

有三件事要经常想，还要想明白。一是思考老板想要什么样的结果，老板的目标与现实有多远。二是思考产品的优势和劣势在哪里，优势怎样放大，劣势如何避免。三是思考客户想要什么，想办法让客户接受"价廉永远不会物美"的现实，想办法让"羊毛出在

猪身上,兔子买单"。

思考的最大好处就是事前准备充足。

(二) 组织策划能力

教练的职责是训练、组织和调度球员比赛,而不是自己下场参赛。职业经理人每天要做的事是组织人力、物力和财力去完成某项任务,怎么组织才有效,需要精心策划。紧接着就是指挥别人具体执行,自己不需要去做具体的事务性工作。记住职业经理人是教练而不是球员。

(三) 沟通协调能力

新型农业经营主体带头人经常要与四类人沟通:一是与客户和外部关系的沟通,二是和老板或股东的沟通,三是和同僚的沟通,四是和下属的沟通。

注意,沟通必须有成效!不能留死角。

很多时候事情的方方面面会不断出现矛盾冲突,不是因为你能力不济,吩咐不到,而是缺乏沟通。任何工作只要沟通到位,没有什么解决不了的问题。善于沟通、有效沟通,可以事先化解矛盾,有利于调动千军万马。

(四) 洞察力和判断分析能力

要有敏锐的洞察力,不放过任何问题。大事是怎样发生的?请留意,薄弱环节和容易被人忽视的地方最有可能出大事。

新型农业经营主体带头人要能准确判断农业生产或经营中的漏洞和弱点,碰到任何问题能第一时间发现,能合理分析,能提出改善方案。

(五) 执行力

新型农业经营主体带头人要贯彻既定策略、方针,要向下属做解释工作并负责组织、安排、指导、检查、考核,如果工作不能落实下去,一切都是空谈;落实了不能最终实现,一切都是白做。

执行力是从上到下层层落实的衡量尺度,必须不折不扣。

(六) 驾驭人的能力

社会分工越来越细,一个人再厉害也不可能独立完成所有工作。如果事事都身体力行,那你不适合做新型农业经营主体带头人。分工协作就必须要选拔人使用人,用人不当往往会事倍功半。诸葛亮错用马谡,导致街亭失守;赵王误用赵括,赵括纸上谈兵,导致长平之战大败。农业生产选错技术员,必然导致劣质产品。

(七) 善于处理危机或突发性事件的能力

这种能力是体现你与众不同的地方。大部分工作,你能完成别人也能完成,你有什么突出的呢?只有在碰到突发事件、危机事件时,你能综合运用各种能力,依靠丰富的专业工作经验、敏锐的洞察力,判断分析能力,创造性的思维、良好的心理素质、成熟的公关能力等,运筹帷幄,从容应对,化解危机,方显英雄本色。

(八) 亲和力、凝聚力

如果你只是靠你的位置,凭借手中的权力强制下属执行命令,完成工作,下属会视你如恶人,你可以取得暂时的成功,你不会获得长久的支持,因为这不是你的能力,而是你所处的位置、所掌握的权力的功劳。一个好的领导者应有亲和力、凝聚力,吸引别人愿意和你一起奋斗,不需要去强制别人。史玉柱因事业失败在离开巨人集团前,有几个月员工工资都发不出来,但他的核心团队没有一个人离开,而是陪着他一起重新开创事业,东山再起。

(九) 时间管理能力

新型农业经营主体带头人每天忙得焦头烂额、乱作一团不是一件好事,一则说明他的组织计划工作不足,二则没有把下属发动起来,三则乱忙、白忙、效率低下,四则对自己和团队不负责任。诸葛亮事无巨细,亲力亲为,面面俱到,结果累死了。"老黄牛"式的吃苦耐劳兢兢业业的人我们需要,但是他们只适合做一项具体的工作，不适于做一个带领团队负责全面工作的经理人。

新型农业经营主体带头人每天要面对各方面的问题，如果不能合理安排自己的工作，有效管理自己的时间，他恐怕连吃饭睡觉的时间都没有，事没做好自己先垮了。具备时间管理能力可以把经理人从琐碎的工作中解放出来，去抓重要的工作，把其余工作交给相应的岗位去处理。经理人只要抓住牵一发而动全身的关键，这样才能举重若轻，处理好所有工作，这叫"轻功"。

（十）妥善处理生活与事业的能力

为了事业牺牲家庭和爱情，不是最好的状态。在某一阶段顾大家舍小家是可以的，在特定时期当个工作狂是必需的，但这不应该影响完美的生活。如果安排得当，基本可以避免生活和事业的矛盾。古人讲：修身养性齐家治国平天下。齐家是排在治国（做事业）之前的，如果连一个人（爱情）一个小家（家庭亲属关系）的事情都不能"齐"，又怎么能处理好成百上千人这个大"家"的事情呢？一屋尚不能扫，何以扫天下？

（十一）果敢的决策力

工作推进中遇到问题怎么解决？不同的问题有不同的解决办法，这需要职业经理人决断。冷处理还是热处理要因事因人而定，速办还是缓办要讲效果，也要讲效率。

无论采取何种策略，都要果敢决策，不可优柔寡断。

七、新型农业经营主体带头人的个人特质

不是谁都能胜任新型农业经营主体带头人的。一个成功的职业经理人身上必然有一种特质。英雄不问出处，但英雄都是磨砺出来的，都有一把撒手锏。听听一位销售大佬是怎么说职业经理人的特质的。

(一) 不一般的气场

生命有气场,它是一个人无形的精神符号,它能够告诉别人你是健康的、积极的、阳刚的、有能力的,还是消极的、颓废的、无所作为的、阴郁保守的。别人看到你,你不用开口,气场就能为你打开与人交往的第一扇大门。

带头人如何练就好气场呢?

1. 要保持健康、积极、乐观的心态

从你决定与人沟通的那一瞬间开始,请把所有不愉快的情绪都暂且放放,用一种健康、积极、乐观的心态去迎接贵人。这种习惯一旦养成,你会觉得世界上没有办不成的事。

2. 要保持诚恳、谦虚、细致的言行

如果你的产品和服务等都不会伤害客户,还会给客户带来价值和启发,那么客户接受你的产品是早晚的事情。在商务沟通中,一定要保持自己言行举止大方得体,不讲假话、空话和套话。你和客户是有缘聚在一起的互助者。

3. 要拥有舍得的情怀

古人有句名言:有舍有得。客户是衣食父母,想得到客户的认同,需要有舍得的情怀。让利、让人、让理,才能在市场上远航。

有时,客户虽然认可你的企业和产品,但不一定要使用你的产品,别指望一次沟通就能签约,市场需要坚持不懈的精神,买卖不成仁义在,这是一种胸怀。

(二) 不一般的本事

1. 有坚实的基本功

扎实的销售技巧、商务礼仪、产品知识、行业视角都是功夫。行业视角需要你站在某个行业的高度通过换位思考的方式去了解和阐述。

2. 有资源整合的功底

能有效运用一切有价值的信息和人脉等资源。认识一个人,即有可能认识他圈里的很多人。要善于处理和把握每个接触的人,不论贵贱、高低、老少,他们是你未来服务的对象。

3. 有坚持不懈的学习精神

政策层出不穷、品种不断更新、方法创新不断、信息日新月异、局势变幻莫测……这促使新型农业经营主体带头人必须不断学习。

(三) 一把撒手锏

每个人与生俱来的性格特点和后天的修为会成就你一门绝技(特质)。

当你与客户沟通的时候,你的特质就是一种影响力,有的时候是人格魅力,有的时候是独特思想,有的时候是真才实学,有的时候是感人之至。

(四) 不要轻易说 "不可能"

1+1=1,不对

1+2=1,不对

3+4=1,不对

5+7=1,不可能

6+18=1,更不可能

如果用数学家的思维来衡量这组等式,当然不可能。而管理学的精英们是这样理解的:

1 里+1 里=1 公里

1 个月+2 个月=1 季度

3 天+4 天=1 周

5 个月+7 个月=1 年

6 小时+18 小时=1 天

这下明白了,对任何事在没有考证以前,请不要说 "不可能",思维一变,结局大不相同。

第二节　新型农业经营主体带头人的营销理念

一、了解市场信息，把握市场脉搏

随着信息技术的迅猛发展，农产品市场信息对农产品产销影响巨大。因此，提高广大农产品生产者对市场信息的获取能力，满足其对市场信息的需求，可推动农产品市场营销。

（一）获取农产品市场信息的渠道

目前最具权威的是农业农村部主办的"中国农业信息网"，该网专门设有"供求热线""信息联播""科技推广""外经外贸"等栏目，还与农药、菜篮子、种业、花卉、畜牧兽医、农产品供求、水产、绿色食品等行业网站有链接，另外还与各省（自治区、直辖市）的农网、农业信息网有链接。

"中国农民经纪人网"网站上有"农产品信息""供求信息""进出口信息"以及26个不同类别的"交易平台"等栏目，这个网站上面还有很多与农产品经理人有关的专门的知识介绍，值得农民朋友去看看。

"金农网"（http://www.agri.com.cn）及很多网站都有很多值得关注的信息。

（二）农产品市场信息的发布

农民朋友可以将自己所有的关于农产品、农业生产资料的供应、需求信息公布到相关媒体上，以期得到相应的货源或销售渠道，这就是信息发布。

常用的信息发布渠道包括报纸、杂志、广播、电视、网络等。

目前，权威高的网站有全国农产品批发市场价格信息网、12316农业综合信息服务平台、发发28农产品信息网（http://www.fafa28.

com/）、农享网（http://www.nx28.com/），这些网站都能免费注册发布供求信息，还可加入地方商圈、行业商圈，让你更快捷、更方便地做生意。

此外，一些更容易传播信息的发布手段，如电子邮箱、QQ、聊天室、博客、微信、视频、网店等现代网络信息发布的形式越来越受到消费者的欢迎。

二、学会市场营销管理

（一）我国农产品营销发展趋势

长期以来，农贸市场一直是我国农产品营销渠道中最为重要的销售终端。这种传统的零售终端存在诸多无法回避的问题，如质量保证问题、经营不规范问题等。为了进一步提高农产品的运转效率，尽最大努力缩短供应链长度，很多学者提出"农超对接"模式。所谓"农超对接"，是由商家和农户签订意向性协议书，由农户直接向超市、便民店和菜市场供应农产品的新型供应方式。这种方式为优质农产品直接进入超市搭建了平台，本质上将现代供应方式引入农村，去掉了农产品流通的中间环节，给农户和消费者最大的利润和实惠。在2008年年底，商务部和农业部联合下发《关于开展农超对接试点工作的通知》，正式启动了"农超对接"试点工作。通知指出，到2012年，试点企业鲜活农产品产地直接采购比例将达到50%以上。一时间，在政策刺激和业内一片看好的前提下，大型零售超市包括沃尔玛、TESCO、家乐福、华润万家等开始了"农超对接"的疯狂提速。

1. 农超对接

超市作为一种新型现代营销业态已逐渐被市场接受，在近几年也逐步涉足农产品销售领域，成为农产品零售营销渠道中的一匹黑马，并与传统的社区集贸市场在零售终端展开了激烈的竞争，成为百姓购买农产品的新渠道。由于传统的农产品流通渠道过于复杂，造成农产品在流通过程中层层加价，造成城市百姓生活负担加重的同时，农民也并未增加收益。政府一直在鼓励开展"农超对接"，也正是看中了超市在商品流通中的重要作用，旨在打造高效安全的农产品营销网络，使之与城市经济发展相适应。近几年，随着CPI的高涨，政府十分注重控制农产品的价格增长，以农业部为主导的相关部门，正在全国各地大力推行"农超对接"的新型农产品供应模式，努力降低中间流通成本，保障产品质量。

在欧美发达国家，60%～80%的农产品进入了超市。我国农产品市场主要以城市集贸市场为主，只有6%的农产品由超市售出，在上海达到20%。随着我国社会生产力水平和人民生活水平的提高，城乡居民生活消费水平迅速提升，消费观念和方式发生变化，人们越来越重视食品安全问题，超市因其在农产品质量、便捷、购物环境等方面的优势日渐受到消费者的欢迎（表2-1）。

表2-1 超市与农贸市场比较

项目	超市	农贸市场
商品质量	企业供货，权责较明确	进货渠道不一，市场难以控制
计量	比较放心	参差不齐
品种及新鲜度	多样化程度不足	新鲜度好，选择范围大
价格	与市面价格基本持平，较稳定	二级批发，随行就市，各市场存在差价
购物环境	干净卫生，秩序好	环境脏，秩序乱，服务差
便利性	全天营业，方便快捷	营业时间较集中，高峰期造成拥挤

目前，我国的农产品销售终端以"农贸市场"为主，连锁店和超市的销售量只占较低份额，连锁店和超市的农产品销售业务近几

年来呈现出较快的发展势头，但目前其销售量仍然非常有限。而在发达国家连锁超市已成为农产品零售的主要形式，显示了现代化零售业与现代化农业对接的优越性。"农超对接"主要发展模式可分为以下几种。

（1）"超市+农民专业合作社+农民"模式。这种模式是指超市通过专业的农民合作社与农户联系，向符合要求的农民专业合作社进行采购，由合作社组织社员进行生产。具体操作过程是：由超市成立专门的"直采"小组，在全国各地的农民专业合作社中挑选能生产出符合要求的优质农产品的合作社，与他们签订协议，开展合作，并提供相关的技术指导及支持，然后合作社组织农民生产，提供安全优质的农产品。这种模式的典型代表是家乐福超市所实行的"农超对接"。家乐福的"农超对接"都是大宗采购，一般不与分散的农户合作，通常通过各地的农民专业合作社进行"直采"，一是因为有对接采购量大的基础，二是可以统一执行超市的采购标准。家乐福定期对合作社进行相关培训，提高合作社的管理能力和生产技术，帮助合作社在当地寻找物流和包装供应商，加强合作，达到共赢。

（2）"超市+农业产业化龙头企业+农民"模式。这种模式是超市自己或通过专门的农技咨询公司，寻求优质农产品产地的农业产业化龙头企业，由这些龙头企业组织农民生产，超市在生产、加工和市场运作等方面进行监管指导，然后委托第三方机构对农产品的质量进行检测，合格的农产品由超市收购，通过超市售卖给消费者。麦德龙超市是这种模式的典型代表，它不像家乐福那样直接与农民专业合作社合作，而是成立专门从事农技指导、咨询和培训的农技咨询公司，与相关的农业产业化企业合作，对当地农业组织进行指导，创立全新的供应链，提出科学的标准化生产流程。

（3）"超市+基地+农民社员"模式。为了保证超市生鲜食品的安全，突出生鲜食品的经营特色，强化管理，企业从生鲜食品的采购、加工到销售,全部实行自主经营,建立无公害蔬菜生产基地,与农户签订种植协议,积极发展订单农业。家家悦作为此种模式的代表,采取的做法是与镇政府和村委会合作,共建种植和养殖基地,统一进行集散、加工、贮存、交易和配送,引导农民进行订单生产。

2. "农超对接"的优势

与传统的农产品供应链相比,"农超对接"加强了各部门之间的联系,将千家万户的小农生产与千变万化的大市场连接起来,满足多方需求,实现农民、商家和消费者的共赢,并且这一模式有可能引起农村经济社会的新一轮变革。

(1) "农超对接"给农户带来的效益。

①保证农产品市场的稳定。在开放的市场环境下,为了更好地促进农产品的销售,农民需要对农产品和市场有足够的分析能力和预见性。由于信息不对称,农民自身文化素质较低,往往不能很好地估计市场。"农超对接"使农民由传统的当地销售转为同超市长期合作,减少产品成本,提高单位面积产出,增加效益。超市给出合理的价格区间,有利于农民摆脱市场价格频繁波动带来的不利影响。

②提升农民获利空间。"农超对接"最明显的优势是减少了中间环节,节省了流通成本,降低了交易费用,有利于农民提高农产品的采购价格。如果农民自己到市场上出售蔬菜水果,或者经过"农户—地头经理人—地头市场—区域批发经纪商—批发经纪商—农贸市场商户或超市供应商—消费者"的长渠道售卖农产品,所获利润很低,而通过"农超对接",农民与超市直接合作,可帮助农民获得较高利润。

③促进农户间合作,调整农业生产结构。"农超对接"客观上使农户之间加强联系,加快了农民专业合作社的发展,这样不仅有助于实现农业生产的规模效益,促进农产品生产规范标准化,而且可以引导农户做出市场导向的生产行为,建立市场导向下的农业生产结构,增加效益。

(2)"农超对接"给超市带来的效益。

①减少中间环节,获得更多产地信息。传统的农产品营销渠道,从田间地头到消费者餐桌,农产品要经历农民、经理人、批发商、运输商、批发市场、超市供应商、超市等众多环节,费时费力,不仅增加流通成本,还易造成农产品的腐坏。"农超对接"减少了中间流通环节,缩短了流通时间,提高了农产品的新鲜度。而且超市与农户的直接联系密切了双方交流,使超市获得更多的农产品产地信息,有益于超市长远发展。

②加强控制农产品生产和流通环节。"农超对接"并不是简单地减少农产品流通的中间环节,而是由农民和超市一起扮演好中间环节的角色,变外界做为自己做。农民与超市直接对接,促使超市标准前移到田间地头,以市场为导向进行农业标准化生产。

③有利于农产品的可追溯性体系建设。"农超对接"使超市可以控制与监管农产品生产的上游,建立农产品可追溯性体系,进而保证超市销售农产品的安全性。在这种模式下,超市更多地参与到农产品的上游生产中去,从标准制定、技术指导到质量检验,从加工、生产到配送的各个环节保证农产品安全。此种优势满足了消费者对食品安全的要求,使得超市比农贸市场更具吸引力与竞争力。

(3)"农超对接"给消费者带来的效益。

"农超对接"模式下超市会对农产品的生产、加工、配送、销售各环节进行质量检测,并对所售农产品质量实行可追溯保证,保证消费者"买得放心,吃得安心"。而且,超市直接采购,缩短了渠道长度,减少了中间环节,一方面确保了农产品的新鲜度,另一方面也使得农产品低价成为可能,保障了消费者的利益。

构建新型的农产品营销体系,必须要逐渐建立以超市连锁经营为主体、以农贸市场为辅助形式的农产品零售终端系统。"农超对接"可以说是完全省略了中间环节,但是在实际运行中发现很难实现农超的直接对接。据近期统计显示,连锁零售企业蔬菜和水果占生鲜销售比例分别为 22.13%、23.66%,其中超过 80% 的企业由总部统一采购,只有 16% 的企业以产地或基地为主。究其原因,相对于标准化的超市经营,还处于初级阶段的农户其规模小、起点低,在超市强势话语权下,超市开出的条件让很多农户无法接受,农户的"人微言轻",使得本应在"农超对接"中受益的农户都抱怨没有赚到钱,所以在实际对接中仍然面临诸多的障碍。在我国的农产品供应链运转中,完全省略中间环节,至少在目前是不合适也是无法完全做到的,提高效率的同时也需兼顾各方利益。农产品供应链的运转需要农村经理人,而要提高农户的话语权,改变被动的地位,争取尽可能大的利益,就必须提高农村经理人的组织程度,换句话说,就是农产品供应链高效稳定运转需要农村经理人组织化。

(二) 农产品的网络营销

1. 农产品网络营销的必然性

农产品网络营销是指在农产品销售过程中全面导入电子商务系统,利用信息技术,进行需求、价格等发布与收集,以网络为媒介,依托农产品生产基地与物流配送系统,开拓网上销售渠道并最终扩大销售的营销活动。

近几年,我国农产品直接面对国外农产品的强势竞争,小生产和大市场的矛盾对我国农业竞争力提高的束缚更加明显。再加上农产品生产者现代营销意识不强、农产品市场细分不足、流通渠道不畅、缺乏有效的农产品促销等,面对这些问题,需要政府、农产品生产者和农产品市场中介组织的共同努力才能有效解决,网络营销的兴起为解决这一问题提供了新的思路。一方面网络营销能够打破时间空间限制,建立更加广阔的虚拟农产品市场,农业生产者足不出户就可以在全球范围内和买方进行沟通洽谈,从而降低农产品生产销售的成本。另一方面,农业生产者可以借助网络统一规划协调不同的营销活动,网络营销可由农产品信息获取、农产品在线交易支付到售后服务一气呵成,是一种全程的营销渠道,甚至对于某些特色农产品完全可以实现订单营销,通过网络获取客户订单,按照客户需求进行农产品的生产。

2. 实行农产品网络营销的重要意义

(1) 获取市场信息,增加交易机会。互联网能够将信息传送到世界的每一个角落,实行农产品网络营销,可以运用先进、便捷的网络技术,建立农产品市场信息系统,使农产品生产者与消费者及时了解到国内外农产品的品种、数量、供求情况、价格变化等信息,打破时空限制,实现交易主体多元化,为农产品生产者与消费者提供了更广阔的商机,增加交易的机会。

(2) 减少流通费用,降低交易成本。实行农产品网络营销,生产者能直接和消费者进行交流,减少农产品流通环节,缩短流通链。很多调查表明,基于网络发布信息和销售商品,不需要支付摊位费、产品陈列费、也不需要投资大额的固定资产,使得交易成本显著降低。

(3) 引导科学生产,避免盲目跟从。实行农产品网络营销,生产者可以直接迅速地了解市场信息,根据市场的需求及价格变化,科学组织生产,市场需要什么,就生产什么,避免由于盲目生产而带来损失。

(4) 打造产品品牌树立产品形象。与传统的农产品销售方式相比,网络媒体具有制作速度快、覆盖能力广、动感效果优、宣传成本低的优势,尤其是网络环境下信息传递、沟通和利用网络展示商品形象的快捷都有利于产品品牌声誉的建立。

3. 推进农产品网络营销的对策

(1) 加强农村网络工程建设,提高网络普及率。近年来,政府和基础电信企业在农村地区网络基础设施建设方面做了大量工作,农村网络条件得到了极大改善。但部分农村地区的网络铺设还没有到位。同时有些地区虽可以上网,但是网速非常慢,网络使用效率低,极大地影响了网民积极性。政府应该为农民上网创造更好的条件,加大对农村网络建设的投入力度,不断完善农村地区上网条件,并提高农村网络带宽的服务能力,加快农村互联网发展速度,进一步提高农村互联网普及率,缩小与城镇的差距。

(2)改善上网设备,降低上网成本。网络基础设施是推进网络营销在农村地区普及的前提条件。一方面政府应该有效落实"电脑下乡"政策,改善农村网民的上网设备。目前农村地区个人电脑拥有率仍较低,许多农民由于没有电脑等上网设备而无法接触和使用互联网。故应进一步使优惠政策落到实处,针对农村地区消费水平和消费习惯,以更实用的配置、更实惠的价格,满足农村地区对电脑等上网设备的需求。另一方面应加强农村公共上网场所建设。目前农村单位、学校、网吧等公共场所的上网条件远低于城镇发展水平。政府应加大对农村公共上网场所建设的投入力度,企业也应该强调自身的社会责任感,共同致力于农村地区公共场所上网条件的改善。

(3)完善农产品物流配送体系。物流配送是网络营销的关键环节,直接联系着客户。它的效率高低和安全与否关系到农产品网络营销的成败。而农村地区物流不发达,甚至很多偏远山区缺少物流配送,成为农村农产品网络营销发展的瓶颈。当前农产品物流服务可考虑由第三方物流公司完成,依靠批发市场本身所拥有的资源,或由买卖双方自行协商完成。此外,物流配送还要重视农产品本身的特点,使用保鲜等新技术,对农产品妥善贮运,做到物流及时顺畅,保证农产品新鲜上市。

(4)加强农产品网络营销人才的培养,提高农民信息化能力。农产品网络营销人才是发展农产品网络营销的重要保证。当今农产品网络营销人才缺乏,地方各级政府需加大农村职业教育投资力度,建立农村技术培训班、农民夜校等多种农村职业教育培训机构,为农民进行相关技术培训指导,提高农民网络技术、商务技术、营销管理技术和现代农业知识水平,切实提高农户信息意识以及信息获取分析使用的能力,培养大量从事农产品网络营销的技术人才,为我国农产品网络营销发展奠定坚实的社会基础。只有加强人才队伍的建设,提高网络信息观念,充分利用网络信息资源,才能促进农产品的网络营销。

(5) 提高农产品品质,加快制定农产品标准体系。为适应农产品网络营销发展的要求,政府应加大对农产品标准化建设的投入,加快制定农产品种植、生产、包装等标准体系,把标准化生产和管理纳入农产品生产和销售的全过程。认真分析研究和引进国外先进农产品标准,加快我国农产品标准化的进程,提高我国农产品标准化的水平。应该推动农产品认证、危害分析与关键控制点认证,促进标准化生产和实施品牌战略,主要品种逐步实现从农产品种植到包装的标准化,着力改善网络营销的环境。如农业合作组织、农村合作社等,可以和农户结成稳固联盟,以利润最大化为目标来合理安排各农户的种植时间,实行统一技术指导、统一销售、统一品牌。做好农产品的质量保障监督,全面提高农产品科技含量,以优良的品质和外观形象适应激烈的市场竞争,促进我国农产品网络营销全面普及和发展。

(6) 建立安全可靠的信用支付体制。网络技术安全和信用安全是实现网上交易的重要保障。加强网络技术安全的建设、完善信用体系及与之相关的法律、法规,切实保障农产品生产者和消费者的利益。

4. 充分利用网络资源开展多样营销活动

(1) 农产品信息发布。农产品营销者可以将农产品信息和服务发布在公司网站上,以这种方式提供给客户;或者在重要会议、公众信息、政府和非营利活动中发布广告赞助页面,在这些页面上通过一个超级链接指向自己的公司。值得注意的是,农产品信息发布应该具有全面和实时的特点,而且保持实时更新,便于需求者获得农产品的供应信息和进行订购。

(2)农产品网络调研。网络调研一方面可以了解市场行情,各地市场信息、供需情况、价格走势,以便于制定种植、生产加工、销售等计划。另一方面,通过网络市场调研系统可辨识潜在需求群体,通过顾客反馈信息了解其对农产品的满意程度、消费偏好、对新产品的反应等。

(3)农产品网上直销。农产品网上直接销售的途径很多,既可以在自己的站点上直接销售,也可以加入电脑网络广场和虚拟电子商场,让顾客访问时在页面上任意挑选,当其决定购买时可以在线完成订购过程。

(4)农产品网络促销。农产品虽然多为消费者所熟悉,但网络的宣传和推广仍是不可缺少的。作为农业产品,我们仍然应该可以采用网络中的促销手段进行推广,如网络广告宣传、利用网络聊天的功能与顾客沟通了解需求、与非竞争性的厂商进行线上促销联盟或采用博客营销和邮件营销等手段来吸引消费者。

(5)加入专业经贸信息网和行业信息网。目前,很多专业的经贸信息网提供了大量的农业信息。农业方面的行业信息网也陆续出现,如中国农业信息网。各省区市也开办了该地区的农业信息专门网站,用以提供农业方面的供求信息。这些行业信息网目标定位更为明确,网站信息也很专业实用,加入网站成为会员即可发布供求信息,为农产品买卖双方寻找合作伙伴提供了一个方便、快捷的平台。

网络营销为农产品的销售提供了更为广阔的平台,虽然这一新兴营销方式在农产品的营销实践中还面临着诸多制约和障碍,但随着政府支持力度的不断加大和消费观念的不断转变,我国农产品网络营销必将发挥更大的积极作用。

(三) 农产品营销战略与策略的创新

在传统的农产品营销观念指导下，农产品生产经营主要依靠农产品的贮存与运输、推销与促销等手段来实现扩大销售。农产品市场营销观念则通过协调市场营销即围绕目标市场需求的变化，综合地运用各种营销战略与策略，并加以优化组合，不断创新，通过比竞争对手更加有效地满足目标市场的需求来实现企业增长和利润的实现。农产品市场营销更多的要考虑农产品的特有属性，并结合现代市场营销的"IOPS"组合，即市场调查、市场细分、市场优先、市场定位、产品策略、价格策略、渠道策略、促销策略、政治权利和公共关系进行战略定位和营销创新。

第一，农业是弱势产业，在世界各国都是要获取政府的产业发展政策支持，经营者应该积极地发挥和利用好政府力量，获取产业支持和渠道建设、宣传推广的支持。另外，农产品的市场营销，更要瞄准如何提高其附加值，除了满足消费者基本的食用功能外，更多地深度开发和挖掘产品的价值，不断地满足消费者的附加需求。例如：通过生产管理过程的提升，生产出绿色有机的农产品，满足人们对食品安全的需求；通过农产品的深加工，满足人们对健康和食用便利性的需求；通过对农产品地域文化和历史文化的挖掘，满足人们对食文化的需求；通过对产品的外在包装和设计改进，满足人们把农产品作为礼品的需求。总之，准确把握农业的产业特点，不断满足消费者对农产品的个性需求，是目前农产品营销战略和市场策略的核心。

第二，应该充分重视战略性营销，用好"市场探查""市场分割""市场优先""市场定位"等战略性组合。农业产业化经营必须源于对农产品消费需求的深入探查和仔细研究，通过市场研究，寻找潜在需求，捕捉市场机会。根据一些细分变量来分割市场，进行比较、评价，选择其中一部分作为自己为之服务的目标市场，针对它的需求特点开发适宜的产品，制订合适的价格、渠道、促销策略，实现产品的既定目标。

第三,充分利用好"产品策略""价格策略""渠道策略""促销策略"等战术性组合。由于四大策略各自包含若干个具体策略,形成各自的亚组合。如产品策略中就包括诸如产品组合策略、新产品开发策略、包装策略、品牌策略以及产品生命周期策略等。因此,高绩效的市场营销活动不仅在于这四大策略的灵活运用和不断创新,而且在于灵活运用和有效组合每一个亚策略,形成动态优化组合,协调一致为顾客需求服务。

第四,要积极应用"政治权利"和"公共关系"。由于农业是弱势产业,比较利益低下,资金紧张,农业产业化经营系统一般难以进行广泛的宣传和促销,往往要充分依靠"政治权利"和"公共关系"这两个策略。一方面,积极利用政府力量,获得宣传支持,引导百姓消费,扩大有效需求。另一方面,农业产业化经营系统应积极参与社会活动,改善与社会各界的关系,树立良好的形象,获得社会各界的关心和支持,通过公共关系达到宣传促销目的。农业产业化经营系统可以利用报纸、电视台等大众媒体以及其他社会机构为农产品营销创造有利的外部环境。

第五,农产品营销品牌化策略。农产品品牌建设与管理的创新品牌建设是农产品走向国际与国内市场的必然趋势和重要手段。对于农产品而言,其生产具有完全的开放性,产品差异性小,如何对农产品的品质加以区分,以及提升农产品的附加值,品牌建设就显得尤为重要,是面对激烈市场竞争环境的一张有力王牌,也是解决农产品销售难,提高农民收入的重要途径。

农产品品牌的创立有其天然性和市场性。有些农产品的品牌是和地理标志及历史文化紧密联系在一起的,这就需要地方经营者合理地加以开发和管理,"西湖龙井""荔浦芋头""陕北大枣"等品牌,就是很好地利用了当地的地域品牌,在同类商品的竞争中,获取了市场的更多认可和青睐。对于市场性品牌,更多的是随着农产品经营企业的规模不断扩大，为了形成和保持其在市场中的优势地位，获取消费者认可和对产品的忠诚度而主动建设的品牌，如"福临门"食用油、"阳澄湖"大闸蟹、"果园老农"干果等。通过品牌建设和管理，能使企业在市场中获取更多的无形价值，是解决农产品同质化严重、价格恶性竞争的重要手段。

农产品的品牌建设，是农业由传统的自给自足小农经济向现代农业转变的一个重要标志，农产品要想更广泛、更持久地进入市场，就要以一个新的形式和面貌出现，品牌无疑是时间最好的一个市场载体。农产品经营企业通过农产品品牌的打造，体现了同竞争者的差异化，有利于消费者对自己品牌的辨别和忠诚度提升。

第六，农产品加工化策略：农产品加工是指以农业生产中植物性产品和动物性产品为原料，通过一定的工程技术处理，使其改变外观形态或内在属性的物理及化学过程；同时也是通过一定的管理技术处理，使其由初级产品转变为制成品，连接农业生产与居民消费的经营过程。目前，农产品中直接能够进入生活消费及工业生产的种类并不多，因此，农产品加工是不可或缺的产业。农产品加工作为农业产业的延伸和农产品价值增值的必要过程，是每一个经济体不可缺少的环节。农产品通过加工增值的例子比比皆是，农民投资办加工企业不仅获得了农产品的增值部分，同时也获得了加工的收入。20世纪80年代，江苏省兴化市不少乡镇的大葱卖不掉，烂在田里，倒进河里，造成河水污染。近几年，本地农民先后投资办起了十多家大葱加工厂，加工脱水葱、方便面调料出口到韩国和我国台湾等地，全市大葱面积由1万亩左右猛增到40多万亩（1亩≈667平方米，全书同），每年增收几千万元。可见，农产品的加工也在促进农产品市场的发展，我们不能忽视它。

第七，农产品包装策略。在现代商品社会，包装对商品流通起着极其重要的作用，包装质量直接影响到商品能否以完美的状态传输到消费者手中，包装的设计和装潢水平直接影响到企业形象乃至商品本身的市场竞争。随着人民生活水平的提高，原有消费习惯和生活方式的改变节奏不断加快。为适应这种变化，包装设计的一项重要任务就是更好地符合消费者的生理需要与心理需要，通过更人性化的包装设计让人们生活更舒适、更富有色彩。因此在农产品的包装上，我们要制定它的策略，因为选择不同的包装策略将得到不同的包装效果。

第八，农产品绿色化策略。农产品绿色化营销策略是随着严重的环境问题而产生的。绿色营销是指以促进可持续发展为目标，为实现经济利益、消费者需求和环境利益的统一，市场主体通过制造和发现市场机遇，采取相应的市场营销方式以满足市场需求的一种管理过程。目前，各国民众日益重视食品安全，环保意识迅速增强，回归大自然、消费无公害的绿色食品已成为人类的共同向往。绿色农产品有利于增强人民体质，改善生存环境。当今世界，人们对绿色农产品越来越青睐。21世纪初，我国已全面启动"开辟绿色通道，培育绿色市场，倡导绿色消费"的"三绿工程"。我们要牢牢抓住这一机遇，奏响绿色主旋律，大力发展无公害蔬菜、畜禽和蛋品，发展农产品的绿色营销。

第九，农产品体验营销的策略。农产品与消费者的生活息息相关，它关系到消费者的身体健康、人身安全和幸福度等顾客满意指标，产品本身具有的体验价值以及附加值都影响顾客的消费体验。如绿色农产品，不仅代表健康生活体验，还有简约时尚体验，甚至上升到爱生活、爱社会的大爱体验，这样的体验本来就是人们生活不可分割的一部分。同时，在实践中还可以提供订制化产品和服务、直接提供产品DIY的场所和原料、产品限量发行等，使顾客感到独特。

我国在构建新型农产品营销体系时必须完善相关的政策措施，强化监控力度，建立健全农产品质量安全保障系统。农产品的营销体系，除了确保质量安全之外，还应该做到有序，即竞争公平，信息公开，交易秩序井然，杜绝欺行霸市、不公平竞争的现象。要改善农产品国际竞争地位，必须有意识地树立中国农产品品牌形象，对其进行合理的市场定位，实施农产品品牌和精品战略，改变传统的包装观念，确立农产品绿色营销观念，作为现代营销手段的网络广告，已成为国际营销企业最便捷最有效的促销方式。因而农产品生产经营者应树立网络营销的竞争观念，利用网络广告等信息媒体，扩大农产品品牌的知名度，增加销售利润。

三、农产品营销策略

（一）农产品价格波动

我国农副产品价格出现过"过山车"一样的大幅波动，"蒜你狠""姜你军""猪坚强"横行霸道，受伤的是农产品生产者和消费者。农产品价格波动的原因如下。

1. 缺信息

农户缺少农产品决策信息，只对当年价格敏感。由于单个农民对翌年全省、全国某种农产品的种植、养殖量并不清楚，因此决定他们种植、养殖什么品种的依据就是今年什么贵就种什么、养什么，导致大家一哄而上。翌年该农产品产量太大，产品过剩，价格急剧下跌，伤害农民，于是农户又都抛弃该农产品，导致来年产量低，产品供不应求，价格暴涨。

2. 缺渠道

农产品生产、流通中间环节太多，导致价格扭曲。种子、农药、化肥、饲料、收购、运输、储藏、销售、行政执法、国际油价等因素都会影响农产品价格。

3. 缺支持

国家农产品储备库规模太小，无法削峰填谷。

4. 缺自主

游资炒作和撤离导致农产品价格忽上忽下。

(二) 猪周期

猪周期是指"价高伤民,价贱伤农"的周期性猪肉价格变化怪圈现象。猪周期的循环轨迹一般是:肉价上涨—母猪存栏量大增—生猪供应量剧增—肉价下跌—大量淘汰母猪—生猪供应量减少—肉价上涨。猪肉价格上涨刺激养猪户的积极性造成供给增加,供给增加造成肉价下跌,肉价下跌打击了养猪户的积极性造成供给短缺,供给短缺又使得肉价上涨,周而复始,这就形成了所谓的猪周期。猪周期一般为 3 年。

猪场带头人应对猪周期时,要及时掌握市场信息,动态化关注产前和产后,养猪计划决策前认真分析本地市场和全国市场,分析消费趋势;生产中不能盲目地追涨惜售或恐跌滥杀。

(三) 营销实操策略

1. 反季节化策略

因农产品生产的季节性与市场需求的均衡性的矛盾带来的季节差价,蕴藏着巨大的商机。要开发和利用好这一商机,关键是要实行"反季节供给高差价赚取"策略。实行反季节供给,主要有三条途径:一是实行设施化种养,使产品提前上市;二是通过储藏保鲜,延长农产品销售期,变生产旺季销售为生产淡季销售或消费旺季销售;三是开发适应不同季节生产的品种,实行多品种错季生产上市。实施产品市场营销策略。要在分析预测市场预期价格的基础上,搞好投入—产出效益分析,争取好的收益。

2. 高品质化策略

随着人们生活水平的不断提高,对农产品品质的要求越来越高,优质优价正成为新的消费动向。要实现农业高效,必须实现农产品优质，实行"优质优价"高产高效策略。把引进、选育和推广优质农产品作为抢占市场的一项重要的产品市场营销策略。淘汰劣质品种和落后生产技术，以质取胜，以优发财。

3. 大市场化策略

农产品销售要立足本地，关注身边市场，着眼国内外大市场，寻求销售空间，开辟空白市场，抢占大额市场。开拓农产品市场，要树立大市场观念，实行产品市场营销策略，定准自己产品销售地域，按照销售地的消费习性，生产适销对路的产品。

4. 多样化策略

农产品消费需求的多样化决定了生产品种的多样化，一个产品不仅要有多种品质，而且要有多种规格。要根据市场需求和客户要求，生产适销对路的各种规格的产品。实行"多品种、多规格、小批量、大规模"策略，满足多层次的消费需求，开发全方位的市场，化解市场风险，提高综合效益。

5. 低成本化策略

价格是市场竞争的法宝，同品质的农产品价格低的，竞争力就强。生产成本是价格的基础，只有降低成本，才能使价格竞争的策略得以实施。要增强市场竞争力，必须实行"低成本，低价格"策略。要实行农产品的规模化、集约化经营，努力降低单位产品的生产成本，以低成本支持低价格。

6. 鲜嫩化策略

人们的消费习惯正在悄悄变化，粮食当蔬菜吃，玉米要吃青玉米，黄豆要吃青毛豆，蚕豆要吃青蚕豆，猪要吃乳猪，鸡要吃仔鸡，市场出现崇尚鲜嫩食品的新潮。农产品产销应适应这一变化趋向，这方面发展潜力很大。

7. 地理标志化策略

近年来，人们的消费需求从盲目崇洋转向崇尚自然野味，热衷土特产品,蔬菜要吃野菜。市场要求搞好地方传统土特产品的开发,发展品质优良、风味独特的土特产品,发展野生动物、野生蔬菜,以特优质产品抢占市场,开拓市场,不断适应变化着的市场需求。

8. 标准化策略

我国农产品在国内外市场上面临着国外农产品的强大竞争,为了提高竞争力,必须加快建立农业标准化体系,实行农产品的标准化生产经营。制定完善一批农产品产前、产中、产后的标准,形成农产品的标准化体系,以标准化的农产品争创名牌,抢占市场。

9. 加工化策略

发展农产品加工,既是满足农产品市场营销的需要,也是提高农产品附加值的需要,发展以食品工业为主的农产品加工是世界农业发展的新方向、新潮流。世界发达国家农产品的加工品占其生产总量的90%,加工后增值2~3倍;我国加工品只占其总量的25%,增值25%,我国农产品加工潜力巨大。

10. 品牌化策略

一是要提高质量,提升农产品的品位,以质创牌;二是要搞好包装,美化农产品的外表,以面树牌;三是开展农产品的商标注册,叫响品牌名牌,以名创牌;四是加大宣传,树立公众形象,以势创牌。要以名牌产品开拓市场。

四、农产品网络营销

(一)淘宝系工具

1. 天猫和淘宝的区别

(1)对淘宝买家来说,天猫商城和淘宝店铺的主要区别。

①淘宝网的C2C店铺也就是我们通常所说的淘宝集市是任何

人都可以开的，而淘宝商城的 B2C 店铺（也就是天猫商城）是以公司的形式注册的，也就说是，没有注册公司就不能在天猫开店。

②天猫所有的商品都有 7 天退换货保障，而淘宝则没有，除非加入 7 天退换货服务（目前还有很多淘宝卖家并没有加入 7 天退换货服务，消费者的权益很难受到保障）。

③淘宝网上的所有保障，天猫都必须提供，但淘宝卖家是可以自愿加入的，而不是强制的。

④如果把天猫比作一个商场，那么淘宝就是集市。天猫在商场里卖出东西，需要向淘宝上交佣金，淘宝店则不需要。所以淘宝网是主推天猫品牌的。

⑤天猫商城还可以进行分销管理，扩大品牌知名度；而淘宝店则不可以。

（2）对淘宝卖家来说，天猫商城和淘宝店铺的主要区别。

①天猫信用评价无负值，从 0 开始，最高为 5，全面评价交易行为。

②天猫店铺页面自定义装修，部分页面装修功能领先于普通店铺和旺铺。

③天猫产品展示功能采用 Flash 技术，全方位展示产品。

④天猫全部采用商城认证，保证交易的信用。

⑤天猫商城具有普通店铺和旺铺都不具有的功能。

⑥淘宝网店铺是任何人都可以开的，而天猫（也就是淘宝商城）是需要公司进行注册的。而且开一个淘宝集市店铺，不需要缴纳费用，开店门槛低，可自愿加入消费者保障，缴纳保证金；而入驻天猫商城则至少需要缴纳 1 万元保证金。

⑦交易平台不同。淘宝商城即天猫是一个综合性购物网站，是阿里巴巴打造的在线 B2C 购物平台，主要网罗线下知名品牌，是商家对客户的交易平台。淘宝集市店铺是阿里巴巴打造的亚太最

大的网络零售商圈，是典型的C2C（客户对客户）的个人网上交易平台。

⑧技术服务年费不同。天猫商家必须缴纳年费，年费金额以一级类目为参照，分为3万元和6万元两档，且是一次性缴纳，符合返还条件可以返还，返还的比例为50%和100%两档。淘宝集市店铺则没有此项费用，开店费用主要是保证金及付费推广等。

⑨信用评价体系不同。天猫采用的是店铺动态评分体系，通过动态评分的宝贝与描述相符、卖家的服务态度、卖家发货的速度、物流公司的服务四项指标来评判店铺状况。淘宝集市店铺除了有店铺动态评分外，还有一个很重要的指标——卖家信用，目前有心、蓝钻、蓝冠、金冠四个等级。

⑩天猫后台还可以有数据魔方服务，进行数据分析；淘宝集市店铺则没有。

2. 淘宝的推广方式

（1）宝贝上架时间。买家在淘宝贝的时候，淘宝的默认排序方式是按下架时间来排的，越接近下架的宝贝越排在前面，容易被买家看到。因此我们就努力让自己的宝贝在人气最旺的时候接近下架，这就要控制好宝贝的下架时间。

（2）合理设置宝贝名称。宝贝名称尽量多地包含热门搜索关键词，关键词必须是跟宝贝有关的，不然算是违规。包含尽量多的热门搜索关键词，能增加宝贝被搜索到的概率，自然也增加了被买走的概率。

（3）用好橱窗推荐。使用了橱窗推荐的宝贝比没有使用橱窗推荐的宝贝更容易被买家搜索到，而且概率大好几倍。一定要推荐快下架的宝贝，最好是既漂亮又便宜的宝贝。这样买家才更有兴趣到店里逛逛。

（4）利用店铺留言进行宣传。卖家在自己的店里是可以随便留言的，要利用好留言体现自己的优势，及时更新促销信息，买家到店里后就有可能看到这些信息,增加购买的可能性。另外,还可以到别人店里留言。先留言夸掌柜人好,东西漂亮,接着就可以放上自己的广告信息,吸引更多的客户到自己的店里。

(5) 利用好评价管理。评价管理包括给买家的评价和买家给我们的评价。在给买家评价时,可以适当做一些宣传,起到一定的宣传效果。同时买家给我们评价以后,还可以充分利用卖家解释的地方做宣传广告,并不是只有中评差评时才需要解释,好评的时候更应该好好利用这个机会进行宣传。因为许多聪明的买家在买东西前都会看一下评价,这里如果有广告信息的话,效果就会很好。

(6) 多搞促销活动。买家都希望买到物美价廉的特价商品。卖家可以做促销,薄利多销,信誉上去了,人气旺了,以后的生意也好做了。不一定要等节日时才搞促销,平时也可以通过促销活动拉动人气,只有人气旺了,生意才会越来越红火。

(7) 发红包和抵价券,送小礼物,让那些因为价格而徘徊犹豫的顾客产生购买行为。

(8) 建立会员折扣制度。想让第一次上门的顾客变成老主顾吗?可以通过设置会员折扣增加客户的重复购买率。

(9) 淘宝客推广。"淘宝客"是指帮助淘宝卖家推广商品赚取佣金的人。只要获取淘宝商品的推广链接,让买家通过您的推广链接进入淘宝店铺购买商品并确认付款,就能赚取由卖家支付的佣金,无须投入成本,无须承担风险,最高佣金达商品成交额的50%。

(10) 淘宝直通车。淘宝直通车是由阿里巴巴集团下的雅虎中国和淘宝网进行资源整合推出的一种全新的搜索竞价模式,其竞价结果不但可以在雅虎搜索引擎上显示,还可以在淘宝网上以全新的图片+文字的形式充分展示。每件商品可以设置200个关键字,卖家可以针对每个竞价词自由定价,并且可以看到在雅虎和淘宝网上的排名位置,并按实际被点击次数付费(每个关键词最低出价 0.05 元,最高出价 100 元,每次加价最低为 0.01 元)。

(11)社区发帖回帖。发帖和回帖是所有卖家提高店铺浏览量的最常用手段,具体效果因"帖"而异,有的人一篇帖子能带来数百甚至上千的浏览量,而有的人发了很多帖子,带来的浏览量却寥寥无几,所以不能光看发帖数量,最重要的是要使帖子具有吸引力。

(12)到其他论坛发软广告。除了淘宝社区,其他论坛也应该多去逛逛,顺便发几个小广告,也能提高小店的知名度,为小店带来一定的流量。但现在很多论坛都反感广告,直接发广告是会被删帖的。可以采用比较含蓄的办法发广告,写个内容丰富的帖子,在其中渗透广告信息,这样就大大避免了被删帖的可能。

(13)博客营销。利用博客编辑软文,也能给店铺带来流量和商机。

(14)微博营销。利用微博把促销信息、产品优势等传播出去。

(15)赚银币抢广告位。社区广告位的效果很明显。每天论坛里的人数以万计,能在这里做广告,效果可不是一般的好。

(16)加入商盟。商盟比群大很多,人气也旺,跟大家成为朋友,也就多了不少潜在顾客,当盟友的顾客需要购买的产品正好店里有的话,盟友之间还可以互相介绍。而且加入商盟以后,买家会觉得我们的店铺更有保障。

(17)群发信息。利用旺旺、QQ、MSN 等聊天工具发广告。这种广告容易惹人反感。所以要适度,不然一发广告就被拉黑,那可就得不偿失了。

(18)利用旺旺个性签名推广。将旺旺的个性签名设成"上新货了"或者"特价促销"或者"包邮"等一系列促销信息或者广告信息,这样买家才能更容易看到店铺的最新状态,如果旺旺个性签名足够诱人,自然就会带来流量。

(19) 邮件推广。利用电子邮箱给每一个我们知道的地址发一封邮件,在开头表达问候,随后附上店铺的最新信息。只要对方收到信看了,就达到了推广的目的。

(20) 利用关系网推广。在认识的朋友中提及公司产品以及近期的优惠活动,把信息传递出去,增加店铺流量。

(21) 个人空间管理。个人空间也是店铺的一部分。当有人进入到空间的时候,就好像走到了店门口,进不进店,那就看店门做得有没有吸引力。自己的空间是可以随便发广告的,应把宝贝图片做得漂漂亮亮的,在真实的基础上尽量把描述写得有吸引力。当然空间不能全是广告了,可以加一些其他内容,让空间丰富多彩,叫人来了一回还想来第二回,那样就更完美了。

(22) 关注求购信息。经常到求购区去看看,有没有人求购的宝贝是我们店里有的。运气好的话,能找到好多顾客,即使我们店里没有买家求购的东西,也能发现不少潜在顾客,把他们都加为好友吧,顺便推销一下跟他求购的宝贝差不多的东西,很容易促成交易。

(23) 参加群拍卖。群拍卖见效快,几分钟就能看到拍卖结果。聚集人气也非常迅速有效,可以认识很多潜在买家,虽然拍卖的东西只有一个,却能发现很多潜在顾客。

(二) 其他类工具

1. 百度搜索

百度目前是国内的主流搜索引擎,如果能掌握百度竞价排名推广的一些操作技巧,这种推广是一种很不错的推广方式。可以通过以下几种不同的操作技巧来达到百度竞价排名推广的目的。

(1) 百度竞价排名账户首页左侧有搜索推广和网盟推广两种推广方式,搜索推广指竞价排名;网盟推广指百度联盟推广,就是在很多和百度合作的网站上挂上所推广网站的广告,也是按点击收费的。建议如果要开通网盟推广的话，一定得先设置好每日预算，刚开始可以把每日消费额设置得低一点，慢慢去了解学习、积累经验，根据投放的效果选择扩大推广力度或放弃网盟推广。

（2）设置每日最低消费和推广区域，根据需求设置所需竞价排名推广的区域，可以是某一个省或是某几个省、也可以是全国，根据自己的需求来设置。然后确定每日预算，如果是刚开通账户开始推广的话，一定要设置每日预算，账户都是自动计费的，建议刚开始推广时，要把每日预算设置得低一点，通过实践积累一些经验，根据关键字投放效果，调整和优化推广策略，然后再加大力度开始推广。

（3）将链接指向关键字相关的产品页，提高用户体验。

（4）广告描述中尽量加入联系方式，若广告描述得贴切又具有吸引力，客户有可能会直接打电话咨询。

（5）排名第一的效果并不明显，但花费较大，在效果上与排在第二名、第三名的相差无几。

（6）尽量提高广告技术水平，不能盲目追求高流量和点击率，而是应该追求高的投资回报率，有些网站也可以把所提供的产品和价格明确地写在描述里面，这样可以在不浪费广告费的前提下达到一个提前过滤的效果。同时应尽量把标题和描述写得能够吸引目标客户去点击，还能有效防止垃圾点击。

（7）热门关键词的点击价格普遍偏高，与其同商家竞争热门关键词，不如另辟蹊径，多去找一些不太热门的长尾关键字，如果能找到几十个上百个，甚至上千个这样的不太热门的长尾关键词，那么给网站带来的流量不会比热门关键字少，而且这些不太热门的关键字的价格都比较便宜，广告费用也比热门关键字便宜很多，效果上并不次于热门关键词。

（8）对所有投放的关键字的价格、点击率和转化率做完整的跟踪和分析，了解哪些关键字的点击率高、哪些关键字的转化率高，根据投放效果不断调整和优化推广关键字,追求以最低的成本创造最大的效益。

(9)百度百科是人人可以参与创建和编辑的,创建百度百科没有什么限制,只需要用户有百度账号即可。建立自己的百度百科,不需要花费引流费用,当创建成功之后,内容是可以不断完善和修改的。

2. 团购促销

团购模式不同于 B2C、C2C 和 B2B 等电子商务模式,所以团购网在营销策划上应该有自己的独特性。团购网的营销策划应该着眼于五个关键因素:商家(优质商家)、用户(庞大的用户群)、服务(客服、物流、投诉、产品质量)、模式(营销和销售模式)、品牌(影响力)。策略上,网站运营初期,更多的精力应该放在建立广泛的营销渠道上,争取更多优质商家,积累更丰富的内容,建立更精准的用户群体,建立网站的可信任度,初步建立品牌的网络影响力。网站运营中期,在模式上应该不断创新,互联网的未来趋势是开源和整合,将团购做成一个开放平台,提供更多的增值服务,模式创新是网站突破营销瓶颈的最好途径。

团购网的营销策划应首先做好以下两点。

(1)团购网的产品、品牌、群体定位。如明确网站提供的产品有哪些特色和优势,产品针对的是哪些用户群体,网站风格和用户体验是否与用户群体相符,团队成员分工是否明确、是否存在职能重叠等。

(2)建立以产品和用户为导向的内容体系。如明确内容是否符合产品定位,内容是否对目标用户具备足够的吸引力,内容是否具备关键字策略,内容是否有广泛的传播渠道,内容是否具有原创性等。

3. 微信营销

微信营销是近年来新兴的电子商务网络推广营销手段,微信公众平台无法在手机上登录，也无法主动添加好友，这对微信推广增加了不少难度。但可以通过以下推广方式来增加微信的曝光度，从而达到微信推广的目的。

（1）合作互推。合作互推模式虽多用于微博推广，但微信互推的效果远比微博互推的效果好。同时这也是最好最快的方法。合作互推要求首先做到1 000个粉丝，然后开始找人合作互推，每次效果好都会获得上百的粉丝。

这种方法可在微博上互推，但微信上需谨慎，一旦被举报，有可能被封号。

（2）微博大号推广。有很多微博大号做微信都非常快地获得了很多粉丝。也可以利用自己的资源跟别人互换。但是对于没有资源的新手，只能找一些微博大号付费进行推广。一些有组织的微博大号，都会和自己一派的微博进行互推，甚至有一些微博大号每天都进行推广，转发量和阅读量相当惊人。

（3）其他线上推广。其他线上推广指在人人、豆瓣、贴吧、空间、论坛等进行推广。这类推广也需要注意技巧，如签名图片、论坛或贴吧头像可以使用二维码、Logo或核心宣传语，这样几乎你的每一次评论都是一次宣传推广，且不容易被删。

（4）基于LBS的推广。这也是最简单的方法，即个性签名。设置好具有吸引力的个性签名，然后查看附近的人，你就可以被别人看到，如果你的签名吸引了别人，就有可能获得关注。但因为我们附近的人毕竟有限，所以仅靠这种方法吸引关注只是前期有效。可以去不同的地点登录微信小号然后查看附近的人，你的地址信息就会保留一个小时左右，这一个小时如果运气好可以获得30人以上的关注。

（5）线下推广。线下推广模式指通过实体店、地铁口、广场等其他人流量大的公共场合进行推广的方式。如一个以吸引粉丝为目的的微信推广方案，可以联系电信运营商开通某个火车站广场和汽车站广场的无线 WIFI，设置好密码，并在各个显眼的地方放置印刷好的微信二维码，微信用户扫描二维码关注公众号之后，发送指定指令即可获得 WIFI 密码，如此便可日增上万粉丝。

（6）活动推广。活动推广也可分为线上和线下，线上还包括互联网和微信活动，方式众多。如在微博上发起活动，关注者就有机会获得礼品。或者在微信里发起活动，介绍身边的朋友即可获得折扣、礼品等。线下方式可参考微博，如餐厅需要推广自己的微信号，客人只要关注微信即可享受折扣或获赠某个特色菜品等。

4. 微博营销

目前微博营销尚处于探索阶段，可以借鉴新浪微博企业营销的成功案例（凡客诚品、肯德基、东方航空、长安福特、优雅女等），结合微博本身的一些特性，充分挖掘微博营销的能力。

首先要根据农业企业的形象定位和目标人群设定微博头像，一般为农业企业 Logo，保持头像色调和农业企业 VI 色调的一致，设置农业企业名称与公司品牌相符，同时设置农业企业的介绍和网址等。

其次要发展粉丝，一定规模的粉丝数量是进行微博营销的前提。在一个农业企业刚刚开通微博之初应如何快速发展粉丝呢？

（1）设定真实、亲切的个性头像。头像可以用农业企业 Logo、农业企业法人、形象代言、卡通人物等，给粉丝以真实感、亲近感，感觉到有一个鲜活的生命在和自己交流。

（2）微博内容简洁、有吸引力。常言道，话不在多，以精为妙。用 140 个字去打动听众说易不易、说难不难。除了大家喜闻乐见的内容外，如果能够将自己生活的精彩点滴分享给大家，不仅能够获得持续的关注，还会收获一群志同道合的好朋友——他们将是你最忠实的听众与推广者。

（3）加话题，找组织，找个人，习惯使用"##、@"等符号。

在广播里用"给内容加个主题,能够让更多志同道合的人找到你。因此取一个大家耳熟能详的主题名称会带来很好的效果。可以先搜索对应的关键词,如果已经有相关的热门话题,使用相同的主题名称可以带来不错的效果。

(4)保持微博更新和互动的合适频率。不管你多么才思敏捷、语出惊人,沉默永远是关注度的最大杀手。保持一个合适的更新频率一方面可以提高听众的忠实度,避免他们因得不到互动取消对你的收听;另一方面持续的"出镜"能够反复给大家留下印象,提高对你的关注。当然频率太高也会对别人产生骚扰,甚至有被拉入黑名单的危险。

(5)为微博配上合适的图片。一条成功的微博,如果配上相应的图片,会更加相得益彰。同时,图片更加具有阅读性,往往一张有意思的图片被转载的概率大于一条有意思的微博。

(6)进行恰当的转播。可以选择一些感兴趣的内容进行转播,分享给你的听众比自己写要容易得多。一个热点事件、某个精彩瞬间的传播都少不了大家每个人的"转播"力量。在这个过程中你会更快地获得大家的关注。要注意控制转播的频度,肆无忌惮、毫无选择地转播反而会丢失农业企业自身的特点,流失听众。

5. 视频、微电影营销

将农产品微电影以商业定制的模式加以应用,其实质相当于加长版的广告。但由于新媒体具有特殊性,传统媒介播放的广告内容和表现形式都不可能直接平移进农产品微电影中。为了吸引基数庞大且口味不同的新媒体受众,农产品微电影需要做足功课,精益求精,其商业价值和营销模式还有待于进一步挖掘,从形式到内容都需要进一步依托媒体特性和受众需求进行创新,也需要更多的线上线下活动进行配合。

(1)深入表现企业价值观和产品诉求。将品牌、产品诉求巧妙地融合在一个好的故事中,让一个故事的主题成为品牌的核心概念

（或价值观）是农产品微电影的主要特性。对于营销传播而言，农产品微电影既是一个热点，更是一个工具。通过农产品微电影营销使品牌最大限度地在市场上被关注，触动消费者的心灵，使其感受到品牌的价值和内涵，增加品牌的亲和力。

（2）娱乐和广告深度整合，着力后期推广。农产品微电影与传统电影的运作模式完全不同，目前国内农产品微电影的制作方式和流程主要有两类：一类是由广告代理商提出创意大纲（脚本），制作公司搭建团队完成制作，这一类比较像TVC的制作过程，制作成本比较高，客户意识导向偏重；另一类是广告主直接找到视频网站，通过视频网站搭建团队，制作成本低，且创作空间相对较大。相比电影而言，短小的农产品微电影在投拍成本上相对低廉，但其主要花费却在后期传播上。因为需要客户、制片公司、视频网站、公关公司等多个团队共同协作，所以合作良好的团队是农产品微电影营销的基础。

就推广而言，农产品微电影多选择在各大知名视频网站的重点位置播出。由于大众对农产品微电影的需求就是能够在娱乐的同时接收到企业品牌的信息，所以农产品微电影的推广必须整合广告和娱乐平台。如在视频、SNS网站投放，在几个平台之间形成互动。

（3）淡化产品，释放品牌。品牌营销的关键在于对心灵的触动。将品牌倡导的价值和信念泛化为某一阶层的生活方式和消费文化，是品牌营销成功的关键。农产品微电影营销恰恰做到了淡化产品、凸显品牌，让品牌的内在精神感动他人，影响社会，而不仅仅只是产品的自我标榜。农产品微电影和广告联姻，可以从创作之初便结合广告元素进行构思，改变以往影视作品创作后期广告硬性植入的惯常做法，避免观众产生抵触情绪。即使是在网络平台播出，同样可以收获巨大的点击量。农产品微电影营销应致力于让观众动情，让观众萌生品牌梦想，衍生对品牌灵魂的认同，而不局限于产品曝光或产品本身炫目的体验。事实上,将品牌体验从产品体验升华到情绪体验,甚至上升到精神高度正是农产品微电影营销模式的精髓所在。

五、客服培训

网店客服的好坏直接关系到店铺的成交率和转化率。当买家通过广告或者淘宝搜索进入店铺后,一般顾客都会咨询客服一些相关问题,那么客服的话术技巧就显得尤其重要了。淘宝店铺客服在接受顾客咨询的时候,如果对话技巧应用不对的话,可能导致顾客流失;如果对话得当,说对每句话,就能轻松留住买家的心,促使原来迟疑不决的顾客实现购买行为。所以,客服培训至关重要。

第三节 新型农业经营主体带头人的作用

依靠新型农业经营主体带头人,可较好地解决贫困农户在参与农业产业发展中碰到的一系列问题。比如过去一些地区依托扶贫资金,免费给贫困户发放种苗,但由于农户没有种植和养殖技术,结果往往是种不出、养不好,产量不高、效益低下。解决这一问题,新型农业经营主体大有可为:产前,提供优良种苗;产中,以标准化、规范化、常态化方式做好贫困户的技术培训和上门上户技术指导,推出技术示范样板;产后,帮助贫困户广开销售渠道,增强其脱贫致富信心。

依靠新型农业经营主体带头人,有利于创新产业精准扶贫模式。互联网时代,距离不是问题,产品才是关键。贫困地区独特的自然生态环境是最大的资源优势,可扬长避短,大力发展生态种养、种养平衡、循环农业。近年来,长沙一些省级贫困村依托新型农业经营主体,开展"水稻+稻田生态高效种养"、林下养鸡、果园养鸡等，效益都很不错。通过推广种养平衡，完全可以实现我国提出化肥农药零增长目标；把种植、养殖结合在一起，既符合生态农业、循环农业发展的方向，也有利于贫困地区利用资源，实现生态增值、脱贫致富。比如开展"水稻+鱼虾菜果"立体生态种养，充分利用了稻田、水体和田埂三个空间，实现了田园美、产业美、生态美、效益美。这对耕地面积相对较少、土地资源十分有限的贫困地区来说，是最现实也最容易实现的生态农业模式之一。

基于新型农业经营主体在产业精准扶贫中具有"帮贫带富"的特殊意义，一方面，要按照"规模化、专业化、标准化"发展思路和"有理想、有情怀、有抱负、懂技术、会经营、善管理、有效益"要求，培育壮大贫困地区新型农业经营主体带头人队伍；另一方面，要支持新型农业经营主体以"公司+农户""合作社+大户""家庭农场+贫困户"等多种方式建设标准化、规范化农业产业化示范基地，既可使龙头企业获得优质农产品原料，又可提高贫困户生产水平。要推动新型农业经营主体与农户建立紧密型利益联结机制，采取保底收购、股份分红、利润返还等方式，让农户更多分享加工销售收益，切实提高其在产业精准扶贫中的引领带动能力。要鼓励建设涵盖良种示范、农机作业、抗旱排涝、统防统治、农资配送、产品销售等服务的多元化、多类型农民专业合作社，发挥贫困地区农民合作组织的统领作用。

在培育新型农业经营主体带头人的同时，要着力抓好贫困地区新型农民培育和跟踪服务，实现培育目标精准、培育机制长效。要通过农业职业教育和培训，提高新型农业经营主体带头人的生产技能和经营管理水平；围绕产业精准扶贫项目，对建档立卡贫困户开展有针对性的种养、加工等方面的技术培训。培训内容要对接产业发展和岗位要求，实行专题化、系统化培训，有效提高贫困农民的职业技能水平，确保培育对象"学得到、带得走、用得上、脱得贫、致得富"。要围绕补齐经营管理和市场营销等传统农民培训中的短板,通过精心培育、长效管理、大力扶持,让新型农民真正成为全省发展现代农业、推进产业精准扶贫的主力军和生力军。

第三章　家庭承包经营

新型农业经营体系是对以家庭经营为基础、统分结合双层经营体制的继承和发展，其基础还是以家庭承包经营为基础、统分结合的双层经营体制。也就是说，农户小规模家庭经营仍然是我国农业生产经营的最主要方式。

第一节　家庭承包经营的组织特征

一、家庭承包经营的本质

农户存在的意义何在？要回答这个问题还要从广义的大规模的农户的功能说起。农户具有经济、社会、生态和文化等功能。从行为科学理论分析，中国农户追求的是一种"小富即安"的生活，即追求的是"采菊东篱下，悠然见南山"的"幸福经济"。中国农户还致力于从事被社会认可的活动，即通过自身的生产和经营行为争得一席社会地位，当然为了维持家庭成员的生存和发展也是其社会价值的追求目标。中国农户还致力于生态保护，从现有的有一定社会责任感的农户行为来考察，在农业生产经营时他们往往在追求经济利益的同时也考虑到环保问题，有机农业、循坏农业模式的探索就是这部分农户的行为目标之一。中国农户还是一个文化传承单位。农户成员之间的价值观碰撞与交融，反作用于农户的行为取向。

有学者认为，农户作为一个独立行为主体，具有特殊的经济利益目标，成为农村经济中的"利益主体"；在农户这个经济单位中，所有者、经营者和劳动者合一；农户为追求自己的特殊利益目标，在一定条件下采取一切可能的行动，成为农村经济中的"行为主体";农户在经济行为选择的决策过程中,不存在生产投资与生活消费的摩擦和矛盾。

二、家庭承包经营的优势分析

概括而言,家庭承包经营具有以下优势。

首先,小规模赢得了"船小好掉头"效应。家庭承包责任制的变革在不同地区、不同社队都经历了从不联产到联产、从包产到组到包产到户、从包产到户到包干到户三个层次的深化过程。最后层次的结果是,集体仍然拥有实质上的土地产权,农民在拥有土地使用权和其他一部分生产资料的条件下从事相对独立的农业生产经营活动。农户通过家庭活动进行自我组织。集体主要通过承包形式将农业产权的外部经济部分内部化。这种统分结合的农业生产过程不仅在决策方面获取了双重决策的优化效益,同时也极大地挖掘了农户的农业生产经营潜能,最终将社会主义集体农业的优越性同农民的自主经营的积极性结合起来。

当农业微观组织创新能量释放到一定限度,特别是农产品短缺状况基本消除和农业国际化成为世界农业经济发展总趋势以后,小生产与大市场的矛盾日益突出。正因为如此,农业经济学界、农村社会学界甚至政府机构中的很多人以农业双层经营体制现存的制度缺陷为根据,主张废除这种组织形式,在新的历史时期应该重新构建我国农业(农民)的组织化体系。

农户对农业生产力的容量具有很大的弹性,这既适应传统农业生产的客观要求,也适应现代农业经营的需求。更为重要的是,农民家庭经营组织适应农民的组织习惯和心理状况,节约农业生产经营成本和费用,特别是节约监督成本和费用。这种能够节约农业经营监督成本的微观组织在农业现代化演进过程中不会也不应该立即消除。从长期来看,中国国情决定了农户家庭经营仍然是新型经营主体的基础。

其次,农户是农业产业链上的基础性力量。农业产业化经营的基础是农户。农户面对来自国际上农民组织化程度很高的农业公司和以盈利最大化为主要宗旨的国内涉农企业的激烈竞争,农民家庭经营组织将通过多种创新手段走合作化道路,以组织化、规模化、市场化、社会化、科技化模式提高经济组织化程度,以此增加农业比较收益。在世界贸易组织框架下,中国农民必将长期面临着严峻的国际市场的挑战,最大的挑战之一就是分散农户的小生产难以与组织化的大市场相抗衡。目前,农民组织化程度的高低在一定意义上已经决定了中国农业市场化与国际化程度和竞争力的强弱。竞争与合作是现代市场经济运行的必备机制,没有农民组织化程度的提高就不会出现发达的市场农业。这是农业发展过程中体现出来的重要的国际经验。无论是国内的农业市场主体,还是国内的新型农业经营主体,他们的存在和发展离不开普通农户的存在和发展。

最后,农户的多功能减弱了农户发展的"路径依赖"。农户具有经济、社会、生态和文化等功能。这就减弱了农户生产和经营目标的依赖性。农户不同于其他市场主体,它的存在意义是广泛的。

第二节 家庭承包经营面临的经济社会形势

一、家庭承包经营的内外部环境发生了重大变化

随着我国经济进入新常态、改革进入深水区、经济社会发展进入新阶段,农业发展的内外环境正在发生深刻变化,给家庭承包经营带来了巨大影响。从宏观经济角度来看,新常态下经济增速从高速增长转向中高速增长,经济发展方式从规模速度型粗放增长转向质量效率型集约增长,农户的发展环境、条件和要求都将发生相应变化。农户的生产经营既拥有前所未有的机遇,也面临巨大的挑战。近年来我国农业现代化加快推进,但各种风险和结构性矛盾也在积

累聚集，突出表现在以下几个方面。

一是农业资源偏紧和生态环境恶化的制约日益突出。多年来资源条件已经绷得很紧，农业面源污染、耕地质量下降、地下水超采等问题日益凸显；特别是温饱问题解决后，社会公众对生态环境和农产品质量安全要求更高，迫切需要消费安全、放心的优质农产品。

二是农村劳动力结构变化的挑战日益突出。农村劳动力大量转移，务农劳动力素质结构性下降，农业兼业化、农民老龄化、农村空心化问题突出，今后"谁来种地""如何种地"的问题已很现实地摆在我们面前。

三是农业生产成本上升与比较效益下降矛盾更加凸显。土地、劳动力等生产要素价格持续攀升，特别是人工成本快速上涨，农产品价格却弱势运行，农业利润空间受到挤压。破解资源环境约束、生产成本上升、城乡收入差距等难题，农户依靠自身力量实现经营稳定十分困难。

四是国内外农产品价格倒挂的矛盾日益突出。国际市场大宗农产品价格下降，已不同程度低于我国国内同类产品价格，导致进口持续增加，成本"地板"与价格"天花板"给我国农业持续发展带来双重挤压。上述这些问题都不是短暂现象，带有明显的阶段性特征。这些问题都对农户的生产经营产生巨大的影响。

五是农户受到农业国际化的巨大冲击。孟山都、正大、杜邦等国际大型农业企业集团纷纷进入中国市场，对中国农户的影响也是深远的。一方面，中国在世界贸易组织框架下农户的生产量、价格和就业会受到影响，当然就会影响到农户的收入状况。另一方面，农户因为有了更多的市场选择，所以在生产经营决策方面具有更大的自主性。另外，对于不同产业结构安排下农户而言，影响程度存在着差别，种植粮食、油料、棉花等农户的收入状况受到较大的冲击，而对于蔬菜、水果的种植户而言是一个利好的环境。这种状况不仅会放大农业发展的地区性差距，也会拉大不同产业安排的农户的收入差距。

二、家庭承包经营也拥有前所未有的发展机遇

一是政府的农业支持保护力度不断加大。我国农业补贴经历了十几年的渐进式扩增，不断增加品种、扩大范围、提高标准，形成了以促进粮食、肉、蛋、奶等重要农产品生产为主要目标，以直补农民、大户和合作社等农业生产经营主体为主要方式，以生产直接补贴、技术服务补贴、生态资源保护补贴和风险防范补贴四大板块为主要内容，相对广覆盖、低标准的农业补贴政策架构。

二是新型农民培育工程启动实施。为了培养造就高素质农业劳动者，探索解决"谁来种地"问题，我国正在大力构建新型农民培育体系。中央财政投入大量人力、物力用于新型农民培育，重点培育家庭农场、农民专业合作社、农业企业及社会化服务组织等新型农业生产经营主体的骨干农民，预计全年培育新型农民突破100万人。

三是土地承包经营权确权登记颁证顺利推进。农业部抓紧抓实农村土地承包经营权确权登记颁证工作，选择3个省作为整省推进试点，其他省（自治区、直辖市）至少选择1个整县推进试点；继续深化对土地承包关系长久不变及土地经营权抵押、担保、入股等问题的研究，按照审慎、稳妥的原则，配合有关部门选择部分地区开展土地经营权抵押担保试点，研究提出具体规范意见，推动修订相关法律法规。

三、农民持续增收仍然面临挑战

农户年人均纯收入与城镇居民年人均可支配收入相比较要低得多，近年来一直在1∶3以上。农民与城市居民的这种收入差距不仅会影响到农民生产经营的积极性，还会反映在其生活水平上与市民的差距。实际上，农民收入的这种相对性对于农民社会心理会产生

重要影响。如果农民与市民的收入差距逐渐缩小,农民会感觉到从事农业生产经营的重要价值,感觉到自己的社会地位是较高的。反之会出现相反的情形。所以,近年来国家致力于缩小城乡居民收入差距是有深刻背景的。从国际来看,一个国家和地区公民平等性往往在收入差距上能够得到反映。

另外,农户成员的科技文化水平较低,扩大再生产的资金融通难等问题也很突出。农户应对风险的能力还比较低。各级政府虽然统筹安排项目资金,加强农业基础设施建设,但是配套资金不足。国家奖励和补贴农户的力度较低,影响了家庭承包经营的积极性。大多数农户还是靠天吃饭,一旦遭受农业自然灾害就损失惨重,特别是农户获得的农业保险理赔额较低,规模化的农户在面对自然风险、市场风险和社会风险时也多数显得应变能力弱。种粮比较效益偏低,影响了农户对农业投入的积极性。

第三节 家庭承包经营的分化与演进

一、农户处于快速分化阶段

当前在工业化、城镇化快速发展的背景下,传统的小农生产和自给自足经济不断向商品生产和规模化经营跃升,而且有越来越多的农户将离开农业,农户处在快速的分化阶段。

第一类农户处在简单再生产的发展阶段,他们需要维持基本的生存和生活需要,对这类农户的功能定位就是自给半自给经济主体。这些农户一般是分布在老少边穷等经济欠发达地区。尽管这些农户在农户总体中没有占很大的比重,但是他们更需要得到更多的关爱。这类农户要通过政策扶持、经济带动、提升劳动力素质等方法使其纳入市场农业中来,加速其由保障型农户向市场型农户转变的进程。

第二类农户有扩大再生产能力,与前一类处于简单再生产阶段的农户不同，这类专业农户拥有比较充足的资金、较完善的农业技术和管理才能。这类农户要定位于商品农产品生产。

第三类农户除了农业生产能力之外，还有某方面的农业服务能力，比如农业生产资料供应和技术指导、农产品经纪、农业信息提供等。这类农户要定位于农业生产服务。当然，也可以通过示范基地做一些准公益性的农业指导与服务，增强其影响力。

第四类农户具有较充足的资金、加工或者运输贮藏技术，这类农户的功能定位就是加工、销售、运输。农业生产与经营被这些环节的农户视为次要的，这类农户也可称为兼业农户。

第五类农户基本上是农忙时回乡，农闲时进城务工，这类农户也可以称为兼业农户。

第六类农户完全进城脱离了农业，从事的是工业或者第三产业，这类农户实际上已经脱离了农村，只是户籍意义上的农户。

二、家庭承包经营的发展趋势

处在简单再生产的发展阶段的农户可能借助于政策扶持、经济带动、提升劳动力素质等方法纳入市场农业中，由保障型农户向市场型农户转变。

专业农户（普通农户）发展商品农产品生产。在国家农地流转政策背景下其经营规模会逐渐扩大，有的专业农户会转变为专业大户或者家庭农场，抑或参加农民合作社，以增强自身的市场适应力和竞争力。专业大户以农业专业化分工为基础，打破"小而全"、"大而全"的农业生产经营模式，打破农业生产的家庭边界以后从事规模化经营，以市场需求为导向，从事商品性农业生产和服务。因此，在农民组织化和农村经济发展中扮演着重要角色。专业农户未来的发展方向是家庭农场，他们将成为新型农民的中坚力量。

农业生产服务农户会致力于向农户提供农业生产资料、加工、经纪、运输、贮藏、销售等服务。一部分发展较好的这类农户会注册农业服务类的公司、合作社，成为农业社会化服务体系中的重要力量。

农忙时回乡、农闲时进城务工的兼业农户将长期存在。但一部分兼业农户会逐渐转换为产业工人，脱离农业生产经营活动，甚至落户城镇。还有的农户完全进城脱离了农业，从事的是工业或者第三产业，这类农户会逐渐消亡。

家庭承包经营将与社区性集体经营齐头并进。集体将在不剥夺家庭承包经营自主权的前提下，将农户组织起来，搞好良种、机耕、排灌、栽培、技术、信息以及代购农业生产资料、疏通农产品销路、兴办农田水利等农业服务，以农业社会化服务业作为产业依托，在促进传统农业向现代农业改造的同时促进自身结构优化和升级。这种趋势既是农村社区性集体经济组织自身生存和发展的需要，又是国家贯彻农业政策时寻求行之有效的组织载体的理性选择。

第四章 专业大户

第一节 专业大户概述

一、专业大户的含义

专业大户,是指在种植、养殖生产规模上明显大于传统分散经营农户,具有较强的经营管理能力,承包的土地达到一定规模,具有一定专业化水平,以市场需求为导向的从事专业化生产的农户。专业大户以家庭劳动力和基本的农业生产工具为主,利用社会化服务进行运营。专业大户的经济利益与其经营状况直接关联,克服了经营规模太小的弱点,同时保留了家庭经营的优点,能够充分发挥农民的生产积极性。

二、发展专业大户的现实意义

专业大户是从传统农户中脱颖而出的新型农业经营主体,是一种重要的,推进现代农业发展的农业经营主体,能够充分进入市场,其精力主要投入农业生产中,拥有比传统农户更强的资金和技术实力,相比之下更有文化、懂技术、会经营,有一定的市场意识、共赢意识和合作意识。

专业大户能够影响农业结构的优化调整。专业大户从事面向市场的商品化、专业化、规模化农产品商品生产,具有企业家精神;同时可以吸收碎化土地,加快农村土地流转。

专业大户能够优化耕地资源的配置效率,有效解决耕地抛荒和半抛荒的状态。专业大户流转土地的方式和期限相对更加灵活,规模一般有限,能够较好地适应当前农民人多地少和农民非农就业不稳定的实际状况。专业大户流转土地后也都种植农作物,不会影响粮食安全,而且在一定程度上实现了农业的机械化、科技化和专业化。

第二节 种植大户的生产管理

种植业生产管理是专业大户生产管理重要内容之一。

一、种植业生产结构优化

种植业是指除林果业以外的以人工栽培的植物生产,包括粮食作物、经济作物、饲料作物、绿肥作物、蔬菜、花卉等农作物的种植生产。种植业是专业大户的基本生产类型之一。它不仅是农业的主要生产部门,而且为其他部门提供基本原料和生产资料。因此,种植业生产的组织管理是专业大户的基本管理活动。

【知识链接】

什么是农业生产结构?

农业生产结构亦称农业部门结构,是指一个国家、一个地区或一个专业大户的农业生产各部门和各部门内部的组成及其相互之间的比例关系。如农业各生产部门中的种植业、林业、牧业、副业、渔业等的组成情况和比重。农业生产结构是农业生产力合理组织(或生产力要素合理配置)和开发利用方面的一个基本问题。它的合理与否对农业生产能否顺利发展起着十分重大的作用。

(一)农作物种植制度

农作物种植制度是规范化的农业技术措施体系。具体包括轮作制以及与之相适应的土壤耕作制、良种繁育制、施肥制、灌溉排水制、植物保护制等。一个合理的农作物种植制度，应能合理利用当地自然资源，充分发挥劳动力和生产工具的作用，在获得农作物稳产、高产的同时，不断提高土壤肥力，保持农业生态平衡，促进农、林、牧、副、渔全面发展，提高劳动生产率。因此，它是农业生产上带有全局性、长远性的总体部署。

1. 轮作制度

轮作是指按照自然规律和经济规律，将几种农作物在一定土地面积内进行时间上、空间上的合理安排，构成一个有机整体。

2. 良种繁育制度

良种是指在一定条件下，其性能显著优于现有品种的农作物种子。良种繁育制度，是指为培育、生产、推广、经营农作物良种而建立的一整套工作制度。采用良种生产，是一项十分经济有效的增产技术，一般可增产10%，高的可达20%~30%。良种繁育制度包括品种选育、品种审定、品种规划、良种繁殖、种子检验、区域试验、良种推广和种子经营调剂等工作。

3. 土壤耕作制度

土壤耕作制度是为农作物生长发育创造适宜的土壤环境而建立的耕、耙、压等一系列耕作措施的制度。

4. 施肥制度

施肥制度是为供给农作物养分和恢复、提高土壤肥力而建立的关于积肥、造肥、种肥、保肥、运肥和施肥等一整套制度。

5. 灌溉排水制度

灌溉排水制度是在一定气候、土壤、水文、土质等自然条件和农业技术条件下，为调节农田水分状况、获得农作物高产而进行的合理的灌溉排水的制度。

6. 植物保护制度

植物保护制度是规范化地防止病虫侵袭，保护农作物正常生长的一系列措施的总称。要做好植物保护工作，必须掌握农作物病虫害的发生、消长、扩散和传播的规律，采取农业的、生物的、化学的、物理的多种防治手段，有效地把病虫对农作物的危害控制在允许的范围之内。植保工作的方针是预防为主，综合防治。

(二) 种植业生产结构优化方法

种植业生产结构是指在一定区域内各种作物种植面积占总种植面积的百分比，用以反映各种作物的主次地位、生产规模。研究种植业生产结构，要解决粮食作物、经济作物、饲料作物与其他作物之间的比例关系；粮食作物中要研究粗粮作物与细粮作物、夏粮与秋粮之间的比例关系；在经济作物中要研究油料作物、纤维作物、糖料作物之间的比例关系等。

市场竞争日益激烈，种植业生产要满足社会多样化、高级化的需求，必须要进行结构调整优化。建立合理的生产结构，必须遵循以下原则：市场导向原则、主辅结合原则、用地与养地结合的原则、产业互补原则等。

二、种植业生产计划

生产计划是生产活动的行动纲领，是组织管理的依据。种植业生产计划就是将年内种植的各种作物所需要的各种生产要素进行综合平衡，统筹安排，以保证专业大户计划目标的落实。

(一) 种植业生产计划的内容

种植业生产计划，是种植业生产的空间布局和时间组合的安排，是种植业生产管理的重要一环。

1. 种植业生产计划分类

(1) 按时间长短分。长期计划、年度计划、阶段作业计划。

（2）按内容分。耕地利用计划、作物种植计划、作物产量计划、农业技术措施计划等。

（3）按作用分。基本生产计划、辅助生产计划、技术措施计划等。

2. 种植业生产计划的内容

种植业生产计划主要有耕地发展和利用计划、农作物产品产量计划、农业技术措施计划、农业机械化作业计划等。

（1）耕地发展和利用计划。耕地发展和利用计划主要反映计划年度耕地的增减变动及其利用状况，见表4-1。

表4-1　××××年专业大户耕地利用计划表　　　（亩）

项目	上年实际	本年计划
一、年初实有耕地面积		
二、年内计划增加耕地面积		
1. 计划开荒面积		
2. 调入耕地		
3. 其他形式增加		
三、年内计划减少耕地面积		
1. 各种建设占用耕地		
2. 造林（退耕还林草）占地		
3. 调出耕地		
4. 其他形式占地		
四、年末计划达到耕地面积		
1. 水田		

(续表)

项目	上年实际	本年计划
2. 旱地		
其中：水浇地		
五、本年度计划耕地面积		
六、年内未利用耕地面积		
其中：休闲地		

为反映耕地利用情况，可借助以下指标进行分析。

①垦殖率。该指标反映可垦土地的利用程度。

$$垦殖率（\%）=\frac{耕地面积}{可垦未耕土地面积+耕地面积}\times100$$

②耕地种植率。该指标反映对现有耕地的利用程度。

$$耕地种植率（\%）=\frac{本年实际种植的耕地面积}{全部耕地面积}\times100$$

③复种率（复种指数）。该指标反映年内现有耕地的利用强度。根据计算口径又可分为全部耕地和年内实际种植地的复种率。

$$全部耕地复种指数（\%）=\frac{实际播种面积}{全部耕地耕种面积}\times100$$

$$实际种植耕地复种指数（\%）=\frac{实际播种面积}{当年实际耕种的面积}\times100$$

④反映耕地生产能力的指标。

$$稳产高产田比重（\%）=\frac{稳产、高产田面积}{全部耕地总面积}\times100$$

⑤反映耕地利用效果的指标。

$$耕地产出率（\%）=\frac{种植业总产量}{可垦未耕土地面积+耕地面积}\times100$$

（2）农作物生产计划。反映计划年度各种作物和播种面积、亩产量、总产量计划数，见表4-2。

表4-2　××××年农作物生产计划表　　（亩、千克、吨）

作物名称	播种面积		亩产量		总产量	
	上年实际	本年计划	上年实际	本年计划	上年实际	本年计划
粮食作物： 1. 水稻 2. 小麦 ……						
经济作物： 1. 橡胶 2. 茶叶 ……						
其他作物： 1. 瓜菜 2. 饲料 ……						

（3）农业技术措施计划。农业技术措施计划主要包括土壤改良及整地计划、农田基本建设计划、种子计划、播种施肥计划、化学灭草及植保计划、田间作业计划、灌溉计划等。现介绍几种主要技术措施计划。

①灌溉计划。编制灌溉计划，是根据农作物的种植计划、生育期灌溉水定额、水资源供给量、降水及土壤墒情等，进行综合平衡。具体做法：首先根据各作物的播种面积和常年在各生育期的灌水定额（作物实际需水与天然补水量的差额），计算各月（天）的需水总量；然后再与水源可供量（地表与地下提水量）进行平衡。

②播种计划。播种计划是对作物播种面积、播种量、播种时间、播种顺序、播种方法、质量要求、种子处理、种肥施用等的计划安排,见表4-3。

表4-3 ××××年春播种作物计划表

作物	播种面积(亩)	播种时间(×月×日—×月×日)	种子名称	亩播种量(千克)	种肥名称	种肥亩用量(千克)	总播种量(吨)	播种方式	质量要求

③施肥计划。主要根据作物的需肥种类和数量、土壤肥力状况,来确定需人工补充施肥的种类和数量,以保持土壤肥力的永续性。其计划指标有:施肥面积、施肥种类、施肥量、施肥方法、施肥时间等,见表4-4。

表4-4 ××××年农作物施肥计划表 (亩、千克)

作物	施肥种类	施肥面积	亩施用量	总施用量	施肥方法	施肥时间
橡胶	基肥 种肥 追肥					
咖啡	基肥 种肥 追肥					
……						

(二) 种植业生产计划的制订方法

常用的种植业生产计划的编制方法是：综合平衡法、定额法、系数法、动态指数法、线性规划法等。现将综合平衡法介绍如下。

综合平衡法是编制计划的基本方法。种植业生产涉及各种作物的合理搭配，以及生产任务与生产要素的平衡；计算各种生产要素可供应量与生产任务的需要量，主要是通过比较，找出余缺，进行调整，实现平衡。

1. 种植业生产的平衡关系

(1) 生产供应与市场需求的平衡。
(2) 生产要素的平衡。
(3) 土壤肥力的平衡。
(4) 生产项目之间的平衡。

2. 种植业生产的平衡方法

采用综合平衡法，是通过编制平衡表来进行。综合平衡表的内容主要有"需要量""供应量""余缺"三个项目。如物资平衡表，是以实物形态反映物质产品的生产与其需要之间的关系，见表4-5。

表4-5 主要物资平衡表

要素 项目	种子	化肥	劳动力	……
一、需要量				
1. 橡胶				
2. 咖啡				
……				
二、可供量				

(续表)

项目＼要素	种子	化肥	劳动力	……
1. 期初结余				
2. 本期购入				
……				
三、余缺				

三、种植业生产过程组织

农作物生产过程,是由许多相互联系的劳动过程和自然过程相结合而成的。劳动过程是人们的劳作过程;自然过程是指借助于自然力的作用过程。种植业生产过程,从时序上包括耕、播、田管、收获等过程;从空间上包括田间布局、结构搭配、轮作制度、灌溉及施肥组织等过程。各种作物的生物学特性不同,其生产过程的作业时间、作业内容和作业技术方法均有差别。因而,需要根据各种作物的作业过程特点,采取相应的措施和方法,合理组织生产过程。

(一)种植业生产过程组织的要求

1. 时效性原则

农作物生产具有强烈的季节性,什么时候进行什么作业,都有严格的时间要求。该种不种或该收不收,就会延误农时,降低产量。因此,一定要按照生产计划组织生产,按时完成各项作业任务,提高劳动的时效性。

2. 比例性原则

不同的农作物,其生产周期不尽一致,有的属于夏收作物,有的是秋收作物；同一种农作物的不同品种，也有早熟和晚熟之区别。不同的作物按比例进行配合，既有利于生产要素的合理使用，又有利于缓和资源使用的季节性矛盾。

3. 标准化原则

标准化原则主要是指每项农作物都要制定规范的作业标准，严格按作业标准进行田间操作。只有这样，才能提高工效，保证作业质量，增加产量。

4. 安全性原则

安全性原则主要指农业生产要注意保护劳动者、劳动资料的安全以及资源的可持续利用。随着农业现代化、工厂化的发展，由于使用化学农药、农业机器等，容易发生农药中毒、机电伤亡事故，影响人和畜禽的安全；由于化肥、农药使用不当，导致土壤团粒结构的破坏，严重的则造成绝收。安全问题日益突出。

5. 制度化原则

制度化原则是指生产过程的组织需要有相应的制度保证。具体来说，生产作业内容方面有作物轮作制、施肥制、灌溉制、病虫害防治制度等；作业时间方面有作业日历制等；生产职责方面有岗位责任制、作业责任制、承包责任制等。

(二) 种植业生产的时间组合

种植业生产的时间组合，也可称轮作种植。它是指在同一空间地段上，不同时间作物的轮流种植，以充分利用土地的生产时间，增加光能利用率，提高土地的生产效能。

作物轮种，是一种技术经济措施。作物轮种的种类、品种和时间，首先要符合作物的生物学特性，具有技术的可行性；其次，轮种可以获得更高的投入产出率，符合经济的合理性。

种植业生产的时间组合要求：一是因地制宜。作物复种、轮作、套作，要能提高土地利用率，增加单位耕地面积的生产量。二是合理搭配,即作物轮作搭配能适应种植计划要求,能更好地满足市场需求和自给需求。三是时间协调。作物轮作能形成最好的相辅相成关系,达到时间协调,肥力互补,能提高劳动生产率和成本产值率。四是有利于多种经营。作物轮作更有利于开展多种经营,提高专业大户的总体经济效益。

种植业生产的时间组合,除上述定性分析外,还可以进行定量分析,将单项作物轮作产量与效益进行比较,以说明时间组合的有效性。

(三) 种植业生产的空间布局

种植业生产的空间布局,也称地域种植安排。它是各种作物在一定面积耕地上的空间分布。由于自然、经济的原因,一个专业大户或一个生产单位的耕地质量总是会有各种各样的差别。不同地块的土壤性状,适应不同作物的生物学特性,具有不同生产效益;同类土质不同地段位置的地块,由于区位差异而引起的交通、管理的区别,也造成不同的种植效应。因此,搞好农作物布局要求:一是保证完成国家的合同订购任务,以满足市场的需求;二是保证专业大户内部生产需要(种子、饲料、加工原料)以及生活需要(劳动者口粮);三是符合当地的自然环境(土地类型、气候);四是作物之间茬口衔接合理,用地与养地相结合;五是尽可能集中连片,便于实行机械化和田间管理。

同时,还可借助于定量分析方法,安排种植业生产的空间布局。常用的方法有亩产量(亩效益)比法和线性规划法。

以咖啡与茶叶的种植为例,说明亩产量(亩效益)比法的应用,见表4-6。

在表4-6中,亩产量比,指某类地块作物种植的产量代替比。从各地块的产量看,A地、B地与D地以种植咖啡作物适合;从咖啡与茶叶两种作物产量比来看,C地种茶叶作物最合适;从咖啡、茶叶的价格比看,若比价为1.5∶1,则C地安排茶叶生产有利,其他地块种植咖啡更加有利。

表4-6　不同作物不同地块亩产量与亩产比　　　　　　（千克）

项目	A地	B地	C地	D地
咖啡	200	150	45	100
茶叶	40	50	70	30
咖啡、茶叶亩产比	5∶1	3∶1	0.64∶1	3.3∶1

第三节　养殖大户的生产管理

一、养殖业生产管理的特点

养殖业生产，是指所有牲畜、家禽饲养业和渔业生产，主要提供肉、蛋、奶及水产品；为轻工业提供毛、皮等原料；为外贸提供出口物。养殖业的发展对改善人们的食物构成，提高人们的生活质量具有重要的意义。

根据生产对象的饲养特点和动物性产品的消费特性，可将养殖专业大户划分为四大类型：

第一类，以牲畜为生产对象。包括养牛、马、猪、羊、兔等，这类专业大户的产品主要是肉、皮、毛、乳等。

第二类，以禽类动物为生产对象。包括养鸡、鸭、鹅、火鸡、鹌鹑等，这类专业大户的主要产品是肉、蛋、毛等。

第三类，以水中动物为生产对象。包括养鱼、虾、贝类、蟹、水生藻类、贝养珍珠等。这类专业大户的主要产品是水生动物的肉、寄生物等。

第四类，以虫类动物为生产对象。包括养蜂、蚕、蚯蚓、蝎等。这类专业大户的主要产品是虫类的蜜、丝、皮、全身等，还有重要的制药原料等。

由于养殖业包括的内容繁多,这里只以养殖畜、禽类动物的专业大户为例,介绍养殖业生产专业大户的管理及其方法。

(一)养殖业的生产特点

1. 养殖业生产对象是有生命的动物

养殖业的自然再生产和经济再生产交织在一起的基本特点,要求专业大户不但要按自然规律组织生产活动,同时,还要求专业大户按照经济规律进行生产管理,以取得良好的经济效益和生态效益。

2. 养殖业生产的转化性

养殖业将植物能转化为动物能。饲料在生产成本中占有很大的比重,养殖业生产管理的主要任务之一是提高饲料(或饵料)转化率。

3. 养殖业生产的周期长

养殖业生产周期一般较长,在整个生产周期中要投入大量的动力和资本,只有在生产周期结束时才能获得收入,实现资本的回收。从生产时间分析,比如奶牛有高产期、低产期和干乳期,蛋鸡有产卵期和间歇期,等等。因此,在生产中要求选用优良品种,采用科学饲养管理,延长生产时间,缩短生产周期,提高畜禽的产品率。

4. 养殖业生产的双重性

繁殖用的母畜、种畜、奶畜是劳动手段和生产资料,而作为肉畜、肉禽则又是劳动产品和消费资料。养殖业生产既要满足社会对生活消费品的需要,又要保证专业大户自身再生产的需要,因而具有双重性特点。

5. 养殖业生产的可移动性

畜禽可以进行密集饲养、异地育肥。运用这个特点,可以克服环境等因素的不利影响,创造适合于养殖业生产的良好的外部环境,以保证养殖业生产过程的顺利进行。

(二) 养殖业的生产任务

养殖业生产任务是根据市场需要,结合资源环境和经济技术条件,确定合理的生产结构;采用科学的养殖方式,发展家畜、家禽、水产品养殖与培育,生产更多更好的畜禽及水产品,以满足社会的多样化需求。

1. 确定生产结构

养殖专业大户应根据国家经济发展战略目标、市场需求状况和专业大户自身的资源条件,坚持"以一业(一品)为主,多种经营"的经营方针,因地制宜地确定畜禽生产结构。有丰富的饲草资源的地区,可以多发展牛、羊等食草畜,适当发展生猪和家禽;在广大农区,以养猪、鸡等家禽为主,有条件的可兼养牛、羊等,以充分利用农业精饲料和秸秆粗饲料等多种资源,降低生产成本。

2. 建立饲料基地

饲料是养殖业发展的物质基础。发展养殖业,提高畜禽产品和质量,其基本条件是建立相对稳定的饲料基地,保证畜禽正常的生长发育,解决"吃饱"的问题;同时,要发展饲料加工业,生产各种配合饲料和添加剂,提高饲料质量,满足各种畜禽、鱼虾等各个生长期的多种营养需求,解决"吃好"的问题。

3. 提供优质产品

动物品种的优劣,关系到植物饲料的转化率和产品的生产率。因此,养殖业生产的重要任务之一,就是要不断引进和培育优良品种,实施标准化生产,提高畜禽产品和水产品的内在品质,为社会提供更多的优质产品。

(三) 养殖业的生产组织与管理

1. 饲料组织与利用

饲料的种类、数量、质量对养殖业发展有直接的制约作用。

(1) 广开饲料来源。一是充分利用饲料基地的资源供给；二是合理利用天然饲料资源，以利于就地取材，提供部分饲料，降低饲料成本。

(2) 做好饲料供需平衡。饲料的数量和质量，决定养殖业的种类和规模，因此，要做好饲料供需平衡工作。既要科学地预测各种饲料的需求量，又要积极地组织饲料来源，在挖掘饲料潜力基础上，做好饲料供需平衡工作。具体方法，可通过编制平衡表来实现饲料供需的计划性。

(3) 合理利用饲料资源。饲料是养殖生产的主要原料，饲料组合方式和饲料投入量，对畜禽、鱼虾的生长、发育及其产品形成有着密切的关系。在畜禽、鱼虾生长发育过程中，不同种类、品种，以及同一品种的不同发育阶段，需要不同的营养成分。因此，养殖业生产，要改"收什么，喂什么"的传统饲养方式为"喂什么，收什么"，科学地利用青粗饲料、配合精饲料喂养，以利于提高料肉比。

2. 饲料管理与规范

(1) 规范饲料管理制度。包括：①饲养管理标准化制度，如喂养制度、饲料供应制度、良种繁育和推广制度、防疫卫生制度等。②饲养管理责任制度，即责权利制度，包括岗位责任制、定额计件责任制、喂养承包责任制、综合承包责任制等。

(2) 重视引进和改良品种。扩大优良品种的繁育和推广，提高优良品种率，是提高畜禽产品和水产品产量和质量的关键。在引进优良品种的同时，应加强技术管理，防止品种退化，稳定产品质量。

(3) 实行标准化生产运作。即按科学化管理要求，对畜禽逐步实行按性别、用途、年龄分组、分类的管理，合理确定不同组别的技术经济标准、饲料配方、饲养方法和饲养管理标准，以提高饲养生产管理水平。

(4) 适度扩大饲养规模。根据生产发展水平和市场需求状况，适度扩大饲养规模，提高饲养机械化水平，逐步实施专业化养殖，以实现规模经济效益。

二、养殖业生产计划

畜禽生产，除了依靠专业饲养技术人员搞好饲养管理外，还必须依靠专业管理人员搞好生产管理。生产管理的关键是做好计划管理，包括生产计划和生产技术组织计划。下文以家畜生产计划为例进行讲解。

家畜生产计划主要包括畜群交配分娩计划、畜群周转计划、畜产品产量计划和饲料供应计划等。

(一) 畜群交配分娩计划

畜群交配分娩计划，即表明在计划年度内牲畜交配、分娩的头数，它是组织畜群生产的依据之一。畜群生产可采用季节性交配分娩和陆续性交配分娩，这两种类型各有利弊。季节性交配分娩可选择最适宜季节，尽量避开严寒酷暑，保证较高的受胎率和成活率；但存在着人力、设备利用的不充分。陆续性交配分娩，是指乳畜均衡地在各个月分娩，时间分布较均匀，可全年均衡提供产品；但严寒酷暑对乳畜产仔的影响很难避开，同时也存在着人力和设备投入与规模相适应的问题。编制畜群交配分娩计划，要根据市场需求规律与本场自然气候条件、生产资源状况加以确定。

以猪群交配分娩计划为例说明，要根据养猪场的年度生产任务、采用的分娩方式、现有基本母猪和检定母猪的年初头数、上一年最后四个月已交配母猪的头数和交配时间等情况进行编制，见表4-7。

表 4-7 猪群交配分娩计划

| 交配 ||||| 分娩 |||||||
| 年度 | 月份 | 基本母猪 | 检定母猪 | 合计 | 年度 | 月份 | 出生胎数 ||| 出生仔猪数 |||
							基本母猪	检定母猪	合计	基本母猪	检定母猪	合计
上年	9				本年	1						
	10					2						
	11					3						
	12					4						
本计划年	1					5						
	2					6						
	3					7						
	4					8						
	5					9						
	6					10						
	7					11						
	8					12						
	9					合计						
	10											
	11					说明						
	12											
合计												

（二）畜群周转计划

畜群在一定时期内，由于出生、成长、购入、淘汰、死亡等原因，经常发生数量上的增减变动。为掌握畜群变化规律，应根据畜群结构、交配分娩计划、淘汰计划和畜群周转关系,编制畜群周转计划。以养猪为例,编制现代化养猪场猪群周转计划,见表4-8。

表4-8 猪群周转计划

组别	计划年初数	周转月份												增加			减少			计划年末头数
		1	2	3	4	5	6	7	8	9	10	11	12	繁殖	转入	其他	出售	转出	死亡	
合计																					
种公猪																					
基本母猪																					
仔猪 1月龄 2月龄																					
后备猪 3月龄 4月龄 5月龄 6月龄 7月龄 8月龄 9月龄 出售育肥猪																					
淘汰育肥猪 1月 2月 3月																					
总计																					

(三)畜产品产量计划

畜产品产量计划可根据生产任务的不同,制订家畜产肉计划、产奶计划等,以家畜产肉计划为例,计划内容见表4-9。

表4-9 家畜产肉计划

产肉量＼月份＼种类	1	2	3	4	5	6	7	8	9	10	11	12	全年
一、牛屠宰头数（头）													
平均活重（千克）													
出肉率（%）													
产肉量（千克）													
二、猪屠宰头数（头）													
平均活重（千克）													
出肉率（%）													
产肉量（千克）													

(四) 饲料供应计划

饲料供应计划，是按一定时间和饲养头数来制订。饲料需要量，一般可分为按年计算和按月计算两种。按年计算饲料需要量，可根据家畜在群年平均头数的年需要量计算，详见表4-10。按月计算饲料需要量时，可根据畜群周转计划中各畜月平均头数乘上各月饲料定额来计算。

表4-10 年饲料供应计划

猪群分组	在群平均头数	1号料		2号料		普通饲料	
		定额（千克/头）	总量（千克）	定额（千克/头）	总量（千克）	定额（千克/头）	总量（千克）
种公猪							
基本母猪							

(续表)

猪群分组	在群平均头数	1号料		2号料		普通饲料	
		定额(千克/头)	总量(千克)	定额(千克/头)	总量(千克)	定额(千克/头)	总量(千克)
检定母猪							
仔猪							
后备猪							
育肥猪							
淘汰猪							
合计							

三、专业化养殖场生产管理

(一)专业化养猪场生产管理

从养猪场类型来看,可分为如下几类:第一类,包括繁殖、育肥在内的自繁、自育的猪场;第二类,只进行繁殖、销售仔猪的猪场;第三类,购买仔猪进行育肥的猪场。下面以自繁、自育的猪场为例,阐述工厂化养猪的生产管理。

1. 仔猪选留

(1)猪的生物学特性和经济类型。从生物学角度看,猪性成熟早、繁殖率高、生长速度快、饲养成本低、屠宰率高。一般情况下,猪的屠宰率是60%~75%,而牛为50%~60%,羊为40%~50%。猪的经济类型按其生产性能、肉脂品质等特点,可分为脂肪型、瘦肉型、兼用型。脂肪型的猪,其特点是脂肪多,一般占胴体的55%~60%,瘦肉占30%左右。瘦肉型猪也叫腌肉型猪,瘦肉占胴体的55%~60%,脂肪占30%左右。肉脂兼用型,胴体中肥瘦肉所占比例大体相等。

(2) 猪的选种和育肥仔猪的选择。

①猪的选种。一是根据猪群的总体水平进行选种,如猪的体质外形、生长发育、产仔数、初生重、疫病情况等。二是根据猪的个体品质进行选种,主要从经济类型、生产性能、生长发育和体质外形等方面进行。

②育肥仔猪的选择。一是从品种方面,选择改良猪种和杂交猪种,因为它们比一般猪种生长发育快。二是从个体方面,选择体大健康、行动活泼、尾摆有力的个体。

2. 饲料利用

(1) 猪饲料的选用。即根据猪饲料的特点以及猪在不同月龄、不同发育阶段的营养需要,选择适当的饲料进行饲养。小猪生长发育旺盛,但胃肠容量小,消化机能弱,可选择易消化、营养丰富且含纤维素少的高能量、高蛋白饲料。中猪消化器官已充分发育,胃肠容量较大,在这个阶段,为满足其骨骼和肌肉的生长,可以较多地喂些粗料和青饲料。催肥猪骨骼和肌肉生长已趋缓慢,脂肪沉积加强,此时,则应多喂含淀粉较多的配合饲料。

(2) 饲料报酬的分析。饲料是养殖业生产的主要原材料,饲料组合和饲料投入量对畜禽生长、发育和畜产品形成均有极为密切的关系。各种畜禽生长、发育及其形成的畜产品,均有它自己特有的规律,而且其饲料转化比也不尽相同。因此,针对不同的养殖对象,研制出不同的最低成本饲料配合方案,以提高饲料边际投入,获得最大的产出效益。饲料报酬一般使用以下计算公式:

$$饲料转化率(\%) = \frac{畜产品产量(千克)}{饲料消耗量(千克)} \times 100$$

$$料肉比 = \frac{饲料消耗量(千克)}{畜产品产量(千克)}$$

由于饲料和畜产品的种类很多,各种饲料的营养成分差别很大,很难直接评价其利用率的高低。因此，通常把各种畜产品产量和所消耗的饲料量换算成能量单位（焦耳），用饲料转化率指标来评价。

饲料转化率的高低反映了养殖业生产水平的高低，若饲料转化率高，则表明饲料利用充分，畜产品成本低，经济效益好，养殖业生产水平高。

3. 猪的饲养管理

仔猪饲养的基本要求是"全活全壮"，出生后一周内的仔猪，着重抓好成活。一是做好防寒保暖等护理工作；二是做好饲养工作，日粮以精饲料为主，饲料多样化。同时，要及时给母猪补饲，以免影响仔猪的成活。

育肥猪的饲养，其育肥的基本要求是：日增重快，在最短的时间内，消耗最少的饲料与人工，生产品质优良的肉产品。一般育肥方法有两种：一是阶段育肥法，即根据猪的生长规律，把整个育肥期划分成小猪、架子猪、催肥猪等几个阶段，依据"小猪长皮、中猪长骨、大猪长肉、肥猪长膘"的生长发育特点，采取不同的日粮配合。在最后催肥阶段，除加大精料量外，尽量选用青粗饲料。这种方法的优点是：精饲料用量少，育肥时间长，一般在饲料条件差的情况下采用。二是直线育肥法，即根据各个生长发育阶段的特点和营养需要，从育肥开始到结束，始终保持较高的营养水平和增重率。此法育肥期短、周转快、增重多、经济效益好。

（二）专业化养鸡场生产管理

1. 养鸡场的种类

现代化的养鸡场已发展成为专业化、系列化、大规模的生产专业大户，根据不同的经营方向和生产任务，可分为专业化养鸡场和综合性养鸡场两种。

（1）专业化养鸡场。

①种鸡场。种鸡场的主要任务是：培养、繁殖优良鸡种，向社

会提供种蛋和种雏。这类鸡场对提高养鸡业的生产水平起着重要作用。

②肉鸡场。是专门提供肉用仔鸡的商品化鸡场，为社会提供肉用鸡。

③蛋鸡场。专门饲养商品蛋鸡，向社会提供食用鸡蛋和淘汰母鸡。

（2）综合性养鸡场。综合性养鸡场集供应、生产、加工、销售于一体，生产规模大、经营项目多、集约化程度较高，形成联合专业大户体系，是商品化养鸡业发展到一定阶段的产物。这种现代化养鸡场一般设有饲料厂、祖代鸡场、父母代鸡场、孵化厂、商品鸡场、屠宰加工厂等，为社会提供种鸡、种雏、商品鸡、分割鸡肉等产品，销往国内外市场。

2. 饲养管理方式

喂饲是养鸡场最基本、最经常、最大量的生产工作。其要求：一是使鸡群得到良好的照管和喂饲，保证鸡群健康生长发育，提供大量的产品；二是节约饲料费用以及在喂饲方面的劳动消耗，不断提高饲料报酬率和劳动生产率，降低生产成本。

（1）饲养技术方式。饲养技术方式主要有平养和笼养两种。

①平养。又可分为地上平养、栅条平养、网上平养等方式。

地上平养，即在鸡舍地面上铺上垫料（锯末、砂土等），使鸡在垫料上自由活动采食。这种方式简便易行，投资少，但饲养密度低，一般每平方米养肉鸡8~10只，蛋鸡4~6只。

栅条平养，即在鸡舍地面上一定高度用柳条或竹竿等铺架一层漏缝地板，把鸡养在栅条上。其优点是鸡床干燥，比较卫生，能就地取材，投资成本低，这种方式一般每平方米可养肉鸡11~15只，蛋鸡7~9只。

网上平养，是以金属网代替栅条做鸡床，虽然比较耐用，但投资较大。

②笼养。鸡群笼养是现代化养鸡的主要方式，按饲养工艺可分为开放式与密封式两种。开放式笼养，是以自然光照、自然通风换气为主；密封式笼养，是建造可以人工控制环境的鸡舍，使鸡舍保持一定温湿度和光照。笼养可以提高饲养密度和单位面积养鸡量，便于集中管理，减轻劳动强度，减少鸡群感染疾病的机会，提高集约化水平。但技术要求高，投资大，具备一定条件的养鸡场才能运用。

（2）饲养管理方式。饲养方式确定后，就要进行相应的劳动管理。即合理的劳动分工和人员配备，以保证正常喂饲工作的进行。养鸡场每天的喂饲工作包括一系列操作活动，这些操作是由不同工种的工人分工协作完成的。在专业化养鸡场中，饲养人员一般按鸡舍或鸡栏编组，分管一定数量的鸡群，以保证喂饲工作正常地进行。

3. 养鸡场环境的控制

养鸡场环境，一般是对养鸡生产造成影响的多种外界因素的统称，包括养鸡场所处地域、养鸡场的设施装备、鸡舍内小气候和饲养密度等条件。

（1）场址选择。养鸡场是一座生物工厂，为保证鸡的健康生长，一是寻找空气新鲜、无病原菌污染的地方；二是有充足可靠的水源，最好是自来水或深井水；三是交通运输便利，包括陆运、空运；四是电力供应充足，要保证孵化、育雏、育成、产蛋舍的电力，以及饲料加工、抽水、照明等需求。

（2）温度控制。最适宜的温度是 18.3~23.5℃，一般为 13~29℃。高温会使蛋鸡饮水量增加、呼吸加快、体温升高、血钙含量下降，导致蛋壳变薄、鸡体重减轻、产蛋量减少、蛋的质量下降等。因此，炎热的夏季应设法降温，注意鸡舍屋顶的隔热性，加大通风量；在冬季要注意增温，晚上的喂料可以添加一些油脂，以增加热量，提高鸡的御寒能力。

（3）光照控制。产蛋鸡每天光照时间超过 12 小时，就能增加产蛋量，达到14小时后增产效果更为显著，一般规定产蛋期每天光照时间为16小时。但是光照的时间达到或超过17小时，对产蛋反而不利。光照变化的刺激作用一般在10天以后才能见效，所以从育成鸡光照程序改为产蛋鸡光照程序的适宜时间应在20周龄时开始，同时要相应改变饲料配方和增加给料量。延长光照时间通常采用三种方式：一是早晨补充光照；二是傍晚补充光照；三是早晨和傍晚都补充光照。

（4）换气通风。由于鸡生长发育过程中要排泄粪便，吸入氧气，呼出二氧化碳，一般鸡舍有害气体较多，主要是氨、硫化氢和二氧化碳。因而，鸡舍的平面布置应根据饲养工艺、饲养阶段、喂料的机械化程度、清粪方式、通风设施等全盘考虑，使鸡舍有足够的新鲜空气，增加氧含量。

4. 疫病防治

在集约化生产条件下，组织严格的疫病防治是保证鸡群健康成长，获得高产、高效益的重要措施。为此，要贯彻"预防为主"的方针，严格卫生防疫制度，实行预防接种，及时扑灭疫病，为鸡的健康成长创造良好的环境。为此主要做好以下工作。

（1）加强饲养管理，搞好清洁卫生。经常保持良好的鸡舍环境，饲养人员要搞好个人卫生，保持鸡体、饲料、饮水、食具及垫料干净，及时清除粪便，非饲养人员一律不得进入鸡舍。

（2）坚持消毒制度，定期接种疫苗。消毒是杜绝一切传染病来源的重要措施，消毒可采用机械消毒、物理消毒和化学消毒等方法，实行经常性消毒、定期消毒和突击消毒相结合。为了防止疫病的发生，可以根据所在地区鸡传染病种类和毒型，结合本场具体情况，制定免疫程序，定期进行各种疫苗的预防接种。

（3）尽量发现疫情，及时扑灭疫病。鸡场一旦发生传染病或疑似传染病时，必须遵循"早、快、严"的原则，及时诊断，尽快扑灭，对病鸡实行严格隔离，对健康的鸡要进行疫苗接种和疾病防治，对病重的鸡要坚决淘汰,死鸡的尸体、粪便及垫料等运往指定地点焚烧或深埋。

5. 养鸡生产的周转

养鸡生产经过一个生产周期进入另一个生产周期,这种转换称为生产周转。其方式一般有两种。

(1) "全进—全出"制方式。即指一个鸡场饲养同日龄的鸡群,一起进场,在生产期满后一起出场。这种周转方式,一是可以最大限度地利用鸡的最佳生长时期,获得高产、高效益。二是可以组织严格的防疫。这种方式能最大限度地消灭场内的病原体,避免各种传染病的循环感染,也能使免疫接种的鸡群获得一致的免疫力。肉鸡生产多数采用这种周转制度。

(2) 再利用方式。再利用方式是蛋鸡特有的周转方式,即在蛋鸡产蛋1周期后,通过强制换羽,使产蛋鸡休产一个时期,再进行第二个产蛋期的利用。有的还要进行第二次强制换羽进入第三个产蛋期。

第四节 农产品加工大户的生产管理

发展农产品加工业,可以增加农产品的科技含量和附加值,是增加农民和专业大户收入的重要途径。农产品加工业具备良好的市场前景,随着科学技术的进步、农业产业结构的调整,农产品加工业在农村经济发展中将起着举足轻重的作用。

一、农产品加工业生产过程管理

农产品加工生产过程,一般分为生产准备过程、基本生产过程、辅助生产过程和生产服务过程等。

(一) 生产准备过程

生产准备主要从两方面进行:一是硬件设施;二是软件基础。

1. 硬件设施

（1）加工原料配备。加工原料的配备是加工专业大户最为繁杂又经常性的准备工作，就是各种农副产品原料的采购、运输和储备等工作。农副产品加工的主要原料包括粮、棉、油、糖、茶、肉、果、原木、药草、毛皮、各种野生动植物等，其中大多是鲜活产品，有的易腐、易损、不耐储藏。所以在生产准备工作中，应选择灵活的采购方式、采购批量、运输方式和储备方式等，以保证加工品的质量。

（2）技术工艺工作。包括产品设计、工艺设计、技术图纸、工艺文件、新产品的试制等。只有不断地采用新技术、新加工工艺，坚持小批量、多品种、优质量的竞争策略，才能使专业大户在激烈的竞争中立于不败之地。

（3）生产条件供给。根据加工专业大户的生产车间、生产场地的作业面大小、设备要求，适当装配供电、供水、供气设施，以确保生产的不间断进行。

（4）质量检验体系。农副产品的加工制品，大多数是日常生活消费品，尤其是食品类产品，其质量优劣直接影响到人们的身体健康。因而，注重产品质量是提高专业大户知名度和竞争能力的关键因素。

（5）安全保障措施。主要是专业大户生产所必需的卫生检测、安全设备、劳动保护、消防器械等物品装置的准备。

新建的加工专业大户，还要做好工程验收以及操作工人的技术培训等产前试操作工作。

2. 软件基础

（1）组织规章制度。主要是根据专业大户的生产规模、生产任务、产品特点的不同，制定相应的责任制度和规章制度。包括生产责任制、岗位责任制、安全规章等。明确专业大户内部各级生产组织和各职能部门的权利、职责和利益。

（2）生产管理制度。包括劳动定额、物资储备定额、原料消耗定额、能源消耗定额等，并根据各生产单位的生产任务，将一定时期内所需要的劳动力、生产要素，通过合理配置，落实到各生产单位。

（3）专业大户经营计划。包括年度生产财务计划、阶段作业计划、劳动用工计划、生产进度计划、原料供应计划等。

（4）生产操作规程。

总之，生产过程的准备应有科学的预见性，既要估计专业大户生产经营中可能出现的各种问题，又要预见科学技术的发展和市场需求的变化给专业大户带来的影响。因为农副产品加工业大多数属于生活资料的生产行业，具有有机构成水平低、资金周转速度快、易于吸引闲置资金的特点，是一个竞争激烈的行业。

（二）生产过程组织

生产过程，是指直接改变劳动对象的物理和化学性质，使其成为专业大户主要的产成品的直接加工、处理过程。生产过程是专业大户生产经营全过程的中心环节，代表着专业大户生产的专业化方向。

1. 生产过程组织的要求

农副产品加工业生产，是运用现代工业生产技术和管理技术，在专业分工和协作基础上，采用多种工艺方法和使用多种机器设备的复杂的生产体系。基本生产的组织，就是要结合专业大户生产技术条件、工艺性质、生产类型、生产任务量和专业大户的专业化生产方向的特点，适应市场需求和生产发展的要求，确保基本生产过程的高效运行。为此有如下要求。

（1）生产过程的连续性。即产品生产过程的各个阶段、各道工序是相互衔接、有序地进行。劳动对象在一道工序被加工、处理完以后,立即被转送到下一道工序,使之处于不间断地被加工、检验和运输状态之中。在某些产品的加工中,还要借助自然力的作用,如风干、晾晒等环节。为了确保生产过程的连续性,要通过制订周密的作业计划,使人工加工过程同自然力处理过程相互衔接,避免不合理的中断。

(2)生产过程的比例性。基本生产过程的各个组成部分,即各道工序之间保持一定的比例关系,使每道工序的作业量大致均衡。随着生产的发展、品种的扩大、新工艺的引进、新材料的运用、管理制度的健全等因素变动,就必须对原来的比例进行适时的调整。

(3)生产过程的节奏性。即各个生产环节,在相等的时间间隔内,产出相等数量的产品,没有时紧时松、前松后紧、突然赶工的现象。简单地说,就是各工作环节都能均衡地负荷,均衡地出产品。

(4)生产过程的合理中断。某些农副产品加工业的某些生产工艺过程,需要借助于自然力的作用,使劳动对象发生物理或化学反应。如造酒业中的发酵过程、制药业中药草的晾晒过程等。这种变化过程的开始,即表示加工过程暂时中断,中断达到一定时间后,加工过程又重新开始。这种加工工艺特点,要求专业大户注意生产过程的合理安排,以保证生产过程的连续性。

(5)生产过程的适应性,指专业大户生产过程适应品种变化,产品升级换代,采用新技术、新材料的能力。这对专业大户适应多变的市场需求、提高专业大户竞争能力、提高专业大户经营的稳定度是非常重要的。专业大户要提高生产过程的适应性,就必须在购置设备、制定规划中,有长远打算,不能只顾眼前;要尽量采用先进的加工技术,以生产过程的适应性提高产品对市场的适应性,从而提高专业大户的经济效益。

以上5项要求相互联系，相互制约，只有同时予以重视，才能保证基本生产过程高效有序运行。

2. 生产过程组织的形式

生产过程组织的形式，一般有大量生产、成批生产和小批量生产3种。

（1）大量生产。在一段时间内重复生产一种或几种产品，其特点是产品的品种少，批量大，产量大，各工作场所固定地完成1~2道工序，专业化程度高。

（2）成批生产。在一段时间内重复生产较多种产品，其特点是产品的品种不太多，每种产品都有一定的数量，生产条件比较稳定，各工作场地须负担较多的加工工序，专业化程度不高。成批生产型又可根据工作场地所负担的工序多少和每种产品投入的批量大小，分为大批量生产、中批量生产和小批量生产。

（3）小批量生产。在一段时间内经常变换生产多种产品，很少重复生产同种产品。其特点是产品品种繁多，每种产品只有一件或几件，生产条件很不稳定，工作场所专业化程度很低，生产设备和技术工艺通用性强，所需的原材料多数按农副产品的收获期进行收购和加工。

3. 生产过程组织的方法

任何加工业专业大户的生产过程的组织工作，都包括两个互相关联的方面，即生产过程的空间组织和时间组织。

（1）生产过程的空间组织。生产过程的空间组织主要用来确定被加工处理的农副产品在生产过程中的空间运动形式，即生产过程各个阶段、各道工序在空间上的分布和原材料、半成品的运输路线。空间组织又必须与相应生产单位的组织形式相结合。

生产单位的组织形式，是指专业大户的生产车间、班组的专业化形式。农副产品加工专业大户内部生产单位（车间、班组）的设置，一般有3种基本形式。

①工艺专业化。按照生产工艺性质的不同来设置生产单位。优点：有利于充分利用生产能力和生产面积；有利于适应产品品种的多种变化；有利于进行工艺专业化的技术管理；有利于组织和指导同工种工人之间的相互学习和交流，提高技术水平。缺点：劳动对象（加工产品）在生产过程中运行的路线较长；运送原材料和半成品的劳动消耗量大；劳动对象在生产过程中停放时间长，积压在产品多；生产周期长，占用流动资金多；各生产单位的计划管理、在制品管理、质量管理等工作比较复杂。

②对象专业化。以产品为对象来设置生产单位，某产品的全部工艺过程能在一个封闭的单位内独立完成。不同产品，按工艺流程布置所需的设备，不同工种工人，采用不同的工艺方法，对同类对象进行加工，能独立制造一种产品。优点：有利于缩短生产路线，节约辅助劳动量；有利于减少在产品和资金占用量，缩短生产周期；有利于简化生产单位之间的协作关系，简化各项管理和产品成本核算工作。缺点：由于所用设备专业性能强，通用性能差，不利于充分利用设备和劳力；生产技术多样，不利于生产专业化；不适应产品品种多变的形势；等等。

③工艺专业化与对象专业化结合。它是指吸收上述工艺专业化与对象专业化的优点，按照综合性原则而形成的生产单位设置形式。这种设置综合了上述两种设置方法的优点，避免其缺点。

（2）生产过程的时间组织。生产过程的时间组织，主要说明生产过程各工序之间的衔接协调，以尽量缩短生产周期。工序之间衔接的移动方式一般有3种类型：

①顺序移动方式，是指整批产品在上一道工序全部加工完成以后，才整批集中运送到下一道工序加工，形成整批产品在各道工序间相继移动。

②平行移动方式，是指一批产品中每一件产品在某道工序加工完成以后，立即转入下一道工序，形成产品在工作场所之间逐件移动。

③平行顺序移动方式，是前两种方式的结合，即加工产品在工作地之间的移动有两种情况，一是当前道工序加工单件产品的时间小于或等于后道工序加工时间，加工完一件（一批）就立即转移到下道工序，即按平行移动方式移动；二是当前道工序加工时间大于后道工序加工时间时，则等到前道工序加工完的在产品数量能够满足后道工序连续加工时，才将加工完成的产品转移到下道工序，即按是非曲直顺序移动方式移动。

从上述3种移动方式的分析中可以看到，采用顺序移动方法，生产过程中的组织工作比较简单，但有整个生产周期较长、资金周转慢、在制品积压多等缺点。采用平行移动方法，生产周期虽然较短，但由于产品加工的各道工序的劳动量往往是不相等的，劳动力和设备有时会出现空闲等待现象，造成停工待料。平行顺序移动方法，综合了上述两种方法的优点，但组织工作比较复杂。因此，专业大户应充分考虑上述各种方式的优缺点，权衡利弊得失，根据本专业大户的生产类型、生产规模及其特点，决定采用何种方式组织生产过程。

二、农产品加工业生产质量管理

产品质量直接关系到专业大户的兴衰。在经济全球化的今天，我国农产品加工专业大户面临着一个竞争日趋激烈的国内外市场。只有在质量、品种、价格、售后服务等方面占有优势，专业大户才能生存和发展。因此，质量管理是专业大户经营战略的重要内容。

(一) 产品质量标准

产品质量标准是指对产品品种、规格、质量的客观要求及其检验方法所作出的具体技术规定。它是专业大户生产管理和处理质量纠纷的技术依据。它分为国家标准、部颁标准、专业大户标准和国际标准4个等级。

1. 国家标准

国家标准是指对全国技术经济发展有重大意义,必须在全国范围内统一执行的标准。一般用 GB(强制性国家标准)和 GB/T(推荐性国家标准)标识。

2. 部颁标准

部颁标准是指对全国性的各专业范围内统一执行的标准,由各工业部门颁布并报国家标准化主管部门备案。

3. 专业大户标准

专业大户标准是指专业大户制定的标准,由专业大户上级主管部门组织审批,并报本地区同级标准化管理部门统一编号和发布。国家标准、部颁标准、专业大户标准三者有一定关系,专业大户标准必须服从国家标准和部颁标准,不得与之相抵触。

4. 国际标准

我国自1978年9月正式参加 ISO 后,积极参加了国际标准化活动。所谓国际标准,是指由某个国际组织经过一定的程序制定出来的标准。当今世界上人们提到的国际标准化活动,往往是指国际标准化组织(ISO)和国际电工委员会(IEC)所开展的活动。ISO 9000 系列标准是世界通用的,并得到普遍承认的一种质量保证体系。ISO 9000 系列标准共分5个部分,即 ISO 9000、ISO 9001、ISO 9002、ISO 9003、ISO 9004。

【知识链接】

国际标准化组织的前身是国家标准化协会国际联合会和联合国

标准协调委员会。1946年10月，25个国家标准化机构的代表在伦敦召开大会，决定成立新的国际标准化机构，定名为ISO。大会起草了ISO的第一个章程和议事规则，并认可通过了该章程草案。1947年2月23日，国际标准化组织正式成立。

国际标准化组织（International Organization for Standardization），简称ISO，是一个全球性的非政府组织。"ISO"与国际标准化组织全称的缩写并不相同，其实，"ISO"并不是其全称首字母的缩写，而是一个词，它来源于希腊语isos（意为"相等"）。从"相等"到"标准"，内涵上的联系使"ISO"成为组织的名称。

ISO宗旨：在全世界促进标准化及有关活动的发展，以便于国际物资的交流和服务，并扩大知识、科学、技术和经济领域中的合作。

ISO是一个国际标准化组织，其成员由来自世界上100多个国家的国家标准化团体组成，代表中国参加ISO的国家机构是国家质量监督检验检疫总局。ISO与国际电工委员会（IEC）有密切的联系，中国参加IEC的国家机构也是国家质量监督检验检疫总局。ISO和IEC作为一个整体担负着制定全球协商一致的国际标准的任务，ISO和IEC都是非政府机构，它们制定的标准实质上是自愿性的，这就意味着这些标准必须是优秀的标准，它们会给工业和服务业带来收益，所以他们自觉使用这些标准。ISO和IEC还有约3 000个工作组，ISO、IEC每年制定和修订1 000个国际标准。

（1）ISO 9000是系列标准选用准则，主要阐述质量术语基本概念之间的关系、质量及合同环境中质量体系国际标准的应用。

（2）ISO 9001是开发、设计、生产、安装和服务的质量保证标准。它包括了专业大户全部活动总的标准。该标准阐述了从产品设计、开发到售后服务全过程中的质量体系标准。要求能够向需方提供从合同评审、产品设计直到售后服务都具有严格控制能力的足够证据，以保证设计、开发、生产、安装和售后服务的各个环节都符合规定的要求。

（3）ISO 9002 是生产和安装的质量保证标准。该标准阐述了从原材料采购开始直到产品交付需方为止的生产过程中的质量体系标准。要求能够向需方提供对生产过程具有严格控制能力的足够证据，以保证在生产和安装阶段符合规定要求，并采取措施以避免不合格现象重复出现。

（4）ISO 9003 是最终检验和试验的质量保证标准。该标准阐述了从产品最终检验直到产品交付给用户的成品检验和试验的质量体系标准。要求向需方提供对产品最终检验和试验具有严格控制能力的足够证据，以保证在最终检验和试验阶段符合规定要求，并对不合格项目加以处理。

（5）ISO 9004 是质量管理体系要素的指南，是非合同环境中用于指导专业大户管理的标准。该标准阐述了非合同环境中的质量标准。要求对质量基本要素的含义、目标和各项质量管理活动的内容、要求、方法、人员及有关的文件、记录都作出明确的规定，对影响产品质量的技术、管理和人员等因素的控制提供全面的指导。对于专业大户质量管理而言，ISO 9004 是 ISO 9000 系列标准中最适用的一个标准。

（二）生产过程的质量控制

生产过程的质量控制，是实现产品开发设计意图，形成产品质量的重要环节，是实现专业大户质量目标的重要保证。为此，专业大户必须抓好生产过程中的每一个环节的质量，严格执行并全面达到质量技术标准和管理标准。

1. 技术准备过程的质量控制

技术准备过程质量控制的目的，是使正式生产过程能在受控状态下进行。因此，专业大户必须重点抓好以下 4 个方面的质量控制活动。

（1）质量控制策划。质量控制策划，是对质量计划、体系文件和程序文件作出明确规定，对影响生产过程的质量因素，即人、机、物料、工艺方法、生产环节等因素加以系统控制的活动，包括制定质量统计与检验技术规程，控制和优化工艺流程，建立过程检验和最终验证报告制度，制定和形成适宜的清洁和防护程序文件，研究改进生产过程质量的新方法，等等。

（2）过程能力控制。在技术准备过程中，应对过程能力是否符合产品规范进行验证。过程能力的验证包括材料、设备、计算机系统及其软件、程序、人员和相关作业。

（3）辅助材料、设施、环境的验证。即对辅助材料和设施，如生产用水、压缩空气、电源、化学用品等的控制和定期验证；对湿度、温度和卫生等生产环境进行控制和验证。

（4）搬运控制。产品搬运要有适当的计划、控制，即对材料、在产品、最终产品等的搬运，按规定制度执行。产品搬运应正确地选择和使用货盘、容器、传送装置和运输工具，以保证产品在生产或交付过程中，避免由于振动、撞击、磨损、腐蚀、温度或任何其他情况造成的损坏或变质。

2. 基本生产过程的质量控制

基本生产过程的质量控制，是指从投料开始生产到制成产品形成的整个过程的质量控制。

（1）过程控制的内容。

①技术文件控制。制造过程所使用的技术文件必须是现行有效的文本，应做到正确、完整、协调、统一、清晰、文图相符。

②过程更改控制。严格执行过程更改批准程序，每次过程更改后，及时进行评价，验证所做的更改是否对产品质量产生预期的效果；还应将由过程更改而引起的产品特性变化形成文件，通知有关部门。

③物料控制。进入制造过程的材料和零部件均应符合规定的质量要求,代用物料必须按规定办理审批手续;制造过程中的物料应合理堆放、隔离、搬运、储存和保管,防止磕碰、划伤、变质、混料等,以保持其使用性。

④设备控制。所有设备在使用前,应按规定进行验证、验收,确保设备技术状态良好,特别注意制造过程中特用的计算机以及软件的维护;制订预防性维修保养计划,以确保设备持续利用的能力。

⑤人员控制。各生产过程的操作人员、检验人员都必须掌握必备的知识、技能和相关技术。

⑥环境控制。提供适宜的加工环境,满足工艺技术的要求,遵守环境保护的有关法规。

(2)最终产品的验证。产品质量验证的基本功能是"鉴别、把关和报告"验证产品质量的符合性,即通过对产品的鉴别、把关,将产品验证报告及时反馈到决策部门,以便对产品生产过程或质量体系采取修正措施。

3. 辅助服务过程的质量控制

辅助服务过程主要包括物资供应、设备维修保养、工具制造与供应、燃料动力供应、仓库保管、运输服务等环节。

(1)物资供应的质量控制。物资供应过程质量控制的任务,是保证所供应的物资符合规定的质量标准,按质按量,及时供应,合理储备。为此,必须对入库前的物资进行严格质量检验和验收工作,加强物资的储存管理。

(2)设备的质量控制。对生产设备的购买、验收、安装、使用、维护保养、定期检修进行严格控制,确保其技术状态完好、性能稳定。

(3)工具、量具、工装供应的质量控制。工具、量具、工装大多数使用的时间较长,为了对其进行有效的质量控制,应该采取以下措施。第一,必须建立专门机构,进行监督控制;第二,严格工作程序,把握质量标准,如量具的验收、保养、发放、鉴定、校正和修理等过程,要符合规定的程序要求。

第五章 家庭农场

"十九"大发出的明确政策信号,有利于稳定农民预期,有利于推进农业的规模化经营,培育以家庭农场为主的新型农业经营主体,引导更多资金、技术、人才流入农村和农业。

第一节 家庭农场的含义与特征

一、家庭农场的基本概述

家庭作为一种特殊的利益共同体,拥有包括血缘、感情、婚姻伦理等一系列超经济的社会纽带,更容易形成共同目标和行为一致性。以家庭为单位进行农业劳动,在农业生产过程中不需要进行精确的劳动监督和计量,劳动者具有更大的主动性、积极性和灵活性。因此,家庭农场作为一种有效率的组织形式,完美地解决了农业生产中的合作、监督和激励问题,是农业生产经营的最佳组织形式,也是世界各国农业生产中占绝对优势的经营主体。

在认识特征之前,首先要认识家庭农场的基本概念。家庭农场是指以家庭成员为主要劳动力,以农业收入为主要来源的农业经营单位。以家庭成员为主要劳动力,从事农业规模化、集约化、商品化生产经营,并以农业收入作为家庭主要收入来源的新型农业经营主体,可以提高农业集约化经营水平、提升农业效益。人们对家庭农场有不同的理解与解读,有"三特征说",也有"四特征说"。"三特征说"认为:其一,家庭农场经营者主要是农民或其他长期从事农业生产的人员,主要依靠家庭成员,并辅以雇用农工从事生产经营活动。其二,家庭农场专门从事农业生产,主要进行种养业专业化生产，经营者大都热爱农业，接受过农业知识教育或技能培训，或自学农业科学知识和生产经营管理，有一定的市场意识。其三，家庭农场经营规模适度，种养规模与家庭成员的劳动生产能力和经营管理能力相适应，符合当地确定的规模经营标准，收入水平能与当地城镇居民相当，实现较高的土地产出率、劳动生产率和资源利用率。"四特征说"认为家庭农场要具备以下四个特征：一是具有一定规模，以区别于小农户。二是以家庭劳动力为主，以区别工商资本农场的雇工农业。三是具有稳定性，以区别于兼业农民和各种承包的短期行为。稳定性是农业生产特点所要求的，是农业经验与技术积累和农地的可持续利用的重要条件。家庭农场涉及规划、计划、财产、品牌建设、农场继承等一系列问题，稳定性是必然要求。四是要进行工商注册。家庭农场作为农业企业的一种形式，不同于小农户和某些流动的承包大户，注册为家庭农场，便于政府管理与政策支持。其实，"三特征说"与"四特征说"内容相似，只是"四特征说"比"三特征说"多了一个注册与不注册的问题。

这种表述过于冗长。家庭农场的概念与特征可归结为一句话：在明晰有效的产权制度下，以家庭劳动力为主的规模化、专业化、商品化生产，以及由机械化、信息化装备的农业经营主体构成的现代农业生产经营体系。

二、家庭农场的特点

家庭农场的最大特点就在于既保留了家庭承包经营农业的优势，符合农业生产特点的要求；同时又可以克服小农户的弊端，是新型农民培育的必要条件和现代农业组织的基础。归纳家庭农场的优势，可以列出很多方面，如家庭农场的稳定性和适度规模有利于激发农户的科技需求和应用；有利于农业集约化、专业化和组织化的实现；有利于耕地的保护和可持续利用；有利于培养新型农民；有利于提高政府支农政策的针对性和有效性；有利于农业文化的传承等。事实证明，工商资本在农业领域发挥作用的空间是有限的，一般局限在加工和流通过程，因为工商资本承包土地代替家庭承包经营面临诸多风险，并不存在所谓的"规模效应"或"提高抗风险的能力"。农业的家庭承包经营形式是不可替代的，未来农业组织最基本的形式应该是在坚持家庭经营的基础上发展一定规模的家庭农场。在实践中不要把家庭农场神秘化或标准化，无论是规模还是经营方式都应该是多样化的。例如，广东一个专业化养猪农场只需两三亩（1亩≈667平方米全书同），年养猪出栏可达2 000头，除了家庭一对夫妇，再请两个帮工，农场就可以正常运转，每年产值120万元，纯收入可达8万元；山东栖霞果农，一对夫妇全部精力都用在果园上，最多只能经营30亩规模，每年产值可达80万元，纯收入10万多元，可以注册为家庭农场；黑龙江的农民开着拖拉机，每个劳动力可以种100多亩粮食，一户如果有3个劳动力，这个家庭农场的规模可达500亩，每年产值100万元，纯收入也可达10万元。农场的类型可以是专业农场，也可以是综合农场。通过建立综合农场，可以解决农业劳动时间分配不均匀的问题，为稳定就业提供保障。家庭农场多样化经营，也有助于避免集中受制于自然影响和传统小农制经济的单一性、脆弱性。

家庭农场具有以下特征：其一，家庭农场经营者主要是农民或其他长期从事农业生产的人员，主要依靠家庭成员而不是依靠雇工从事生产经营活动。其二，家庭农场专门从事农业生产，主要进行种养业专业化生产，经营者大都接受过农业教育或技能培训，经营管理水平较高，示范带动能力较强，具有商品农产品生产能力。其三，家庭农场经营规模适度，种养规模与家庭成员的劳动生产能力和经营管理能力相适应，符合当地确定的规模经营标准，收入水平能与当地城镇居民相当，实现较高的土地产出率、劳动生产率和资源利用率。家庭提供了几乎全部资本；家庭具有很强的独立性；家庭对某块特定的土地有很强的依赖性；重点是在家庭内部，生产活动占主导地位；家庭和企业融为一体，家庭的生活方式会影响企业的决策；农场的管理水平受到农场主能力的限制等。由于具备了以上特征，家庭农场就如同多数小型企业一样，在新的产业体系中承受着很大的压力，特别是在农资的购买、信息的获得、产品的营销、规模经济和资本的筹集等方面压力更大。农业企业的发展趋势是规模越来越大，在美国，6%的大农场创造了农业产品价值的59%。特定的产品市场是存在的，但是需要高度专业化的管理，以便获得所需要的产品种类和进行有效的市场规划。

家庭农场面临的形势使得世界上一些具有超前意识的农场主做出了相应的反应。为最大限度地获得成功，他们以新的、重新组合的要素形成21世纪的农业企业制度。同传统的家庭农场相比，21世纪的家庭农场应该具有如下特征：在信息管理方面发挥更大的作用；进行更多的研究尤其是有助于预测技术方面的研究；农业企业组织形式上的创新，包括租赁、企业联合组织以及非农企业与农业企业的联合经营；注重为即将发生的变化制订计划；在会计记录、财务控制、风险管理以及人力资源管理等方面改善企业管理的业绩；加强农业企业与供应环节的联系、联合与合作，包括家庭农场成员在农场外部的公司企业工作；在以市场为导向的机制下将环境保护、生产过程和产品营销结合起来，实现"从农场到餐桌"的完整的农业产业化体系。

三、家庭农场出现了新的特征

农产品在国际市场的激烈竞争，促使家庭农场的规模越来越大，以适应国内外竞争的需要。家庭农场主及其成员，要求具备更多的现代企业管理知识与理念。把现代企业管理引进家庭农场的经营管理之中，就需要家庭农场主及其成员不断学习新的知识，提高经营管理的能力。而这些能力中有许多是一般性能力，适合多数企业的经营管理，这些一般性能力包括：适应变化的能力；确定目标与制订计划的能力；市场营销的能力、企业管理的能力；创造性思考的能力；自信心；伦理价值观念的保持能力；交流能力——书面和口头的交流；信息管理的能力；人力资源管理的能力——自我管理、集体管理和其他个体的管理；学习知识的能力。除一般性能力外，21世纪成功的家庭农场还需要其成员具备一些特殊能力：技术管理的能力；生产管理的能力；获得特定产业体系供应环节知识的能力；环境管理的能力。由于以生产为中心的传统的家庭农场已不存在，家庭农场成员具备特殊能力就越来越有必要。经营者必须获得这些能力，或者聘用具有这些特殊能力的人才，以帮助经营。

为了使家庭农场成员具备以上能力，就要使每个成员都成为学习者，他们需要接受五个基本的前提：第一，家庭农场成员必须对自己的学习负责。在传统的以生产为导向的体制下，大部分教育由教育者引导并产生一般性的效果；而在新的农业产业制度下，每一个家庭必须找出适合自己的学习方案。教育是一种服务，必须以市场为导向。家庭农场成员只有像消费者那样对自己的学习负责、为自己的学习制订计划并确保有适当的机会落实这些计划，教育才会取得效果。对自己的学习负责还意味着家庭在时间上和经济上的付出。第二，每一个家庭农场成员都要学习。那种由一人做主经营农场的模式已成为历史。所需能力的扩大和持续的迅速变化使得家庭农场中的所有成员，不分年龄、性别，无论在农场中从事何种工作，都有必要学习某一方面的专业知识。因此，在某一个家庭农场里，母亲可能侧重于学习企业管理和市场营销方面的知识，儿女们可能侧重于学习信息管理方面的知识，而父亲则可能专门学习生产和环境管理方面的知识。如果雇用的人员参与管理，也需要具备这些管理知识及技能。这种协作方式有助于将家庭农场与垂直一体化体系中的合作者更广泛地联系起来。第三，在农场内部很难有效地获得许多新的能力。在传统的工作环境下，情况更是如此。正规的课程和非农就业经历是必要的。第四，学习计划需要利用多种途径。这就意味着学习者要确信他们已经了解所有相关的学习机会，学习者还需要了解能满足他们学习要求的教育程度（如大学教育、职业教育）。第五，学习需要坚持不懈。管理环境和农场家庭都在不断发生变化，因此，所有的家庭农场成员都必须不断学习以适应这种变化。

实现以上五个基本前提，就要着手对环境进行分析，以确定个人、家庭和企业目标，以便制订家庭农场人力资源的开发计划，即具体的学习计划。在确定个人、家庭和企业的目标时，要求所有的利益关系人参与，相互沟通和理解；还要收集潜在的活动及其成本、收益等方面的信息，这些目标要涵盖所有方面——经济、职业、亲属关系和娱乐等。要为家庭农场中的所有成员，包括在农场工作和不在农场工作的家庭农场成员以及姻亲在内，确定目标。该学习计划不仅包括"补课"计划以弥补目前知识的不足，还包括对未来活动的开发计划。计划一旦实施，就需要进行必要的监督，并定期对所确定的目标和所采取的措施进行检查。该行动计划的成功实施将使家庭农场在 21 世纪具有竞争力，形成家庭协作精神，并有助于保持传统的文化价值观念。家庭农场新特征表明，现代农业对家庭农场发展提出了更高的要求。

第二节 家庭农场的基本模式

当今世界的家庭农场有 3 种基本模式。

一、以美国为代表的大型家庭农场

据最新公布数据，美国共有 220 万个农场，98%是家庭农场，非家庭农场只占 2%。在家庭农场中，小型的占 88%，大型的只占 10%。在小型家庭农场中，18%为退休者农场，45%为生活式农场，25%为职业农场。

家庭农场经营规模差异较大。美国农场的平均面积为 2 428 亩。退休者农场和生活式农场的平均面积分别为 1 056 亩和 898 亩，职业农场的平均面积为2 634亩。大型家庭农场的平均面积为10 896亩,非家庭农场的平均面积为6 671亩。

大型家庭农场是农产品的主要提供者。大型家庭农场仅占农场总数的10%,却贡献了农业总产值的60%以上。大型家庭农场和非家庭农场仅占农场总数的12%,却贡献了农业总产值的84%。年销量过100万美元的农场只占2%,却贡献了农业总产值的53%,主宰了主要高经济价值农产品——高价值农作物、生猪、乳制品、家禽、肉牛的生产。

相比之下,小型家庭农场占农地面积的63%,持有农场资产的64%,贡献的农业产出仅占16%,它们也贡献了谷物和大豆的23%、饲料草的51%、烟草的34%、肉牛的22%。

家庭农场的土地以自我经营为主。大多数退休者农场、生活式农场、非家庭农场经营的土地为自己所有,主要由自我经营。美国家庭农场大多为夫妇共同经营,也有部分为多代共同经营。每个农场的经营者平均为1.8个人,55%有2个或2个以上的经营者,16%是多代共同经营。在大型家庭农场和非家庭农场中,多代共同经营最为普遍。

农场利润和收入状况与经营规模高度相关,小农场收入主要来自非农收入。大型家庭农场平均利润多为正,有40%~45%的大型家庭农场平均利润率超过20%;45%~75%的小型家庭农场的经营利润率为负,退休者农场、生活式农场和其他一些小型农场大多亏损。小型家庭农场之所以能继续存在,主要是因为有其他收入来源,如非农工资、投资利息、分红、社会保障等公共项目收益,以及赡养费、养老金、房产或金融资产收入、退休金等。小型家庭农场的非农收入有76%来自工资收入。退休者农场非农收入的60%来自社会保障、抚恤、股息、利息、租金等。

美国的农业以家庭农场为主,由于许多合伙农场和公司农场也以家庭农场为依托,因此美国的农场几乎都是家庭农场。可以说美国的农业是在农户家庭经营基础上进行的,具有如下特点。

第一,经营规模化和组织方式多样化。从经营规模来看,其发展与趋势表现为农场数量的减少和经营规模的扩大。20世纪以来,美国家庭农场在数量上上升至89%,拥有81%的耕地面积、83%的谷物收获量、77%的农场销售额。

第二,生产经营专业化。美国分为10个农业生产区域,每个区域主要生产一两种农产品。北部平原是小麦带,中部平原是玉米带,南部平原和西北部山区主要饲养牛、羊,五大湖地区主要生产乳制品,太平洋沿岸地区盛产水果和蔬菜。在这种区域化布局的基础上,建立和发展了生产经营的专业化。

第三,土地所有权私有化。美国经过几十年的探索,于1820年将共有土地以低价出售给农户,建立家庭农场的农业经济制度。正是这种制度的建立,促进了美国开发西部的热潮。

二、以法国为代表的中型家庭农场

法国作为欧盟第一农业生产国、世界第二大农业和食品出口国、世界食品加工产品第一大出口国,其家庭农场的作用功不可没。法国有各类家庭农场66万个,平均经营耕地42公顷,其中60%的农场经营谷物、11%的农场经营花卉、8%的农场经营蔬菜、5%的农场经营养殖业和水果,其余为多种经营。75%以上的家庭农场劳动力由经营者家庭自行承担,仅11%的农场需雇用劳动力进行生产。由于农产品市场竞争日趋激烈,加上用工成本的不断提高,法国的家庭农场出现了以兼并的形式不断扩大规模和发展农工商综合经营的产业化趋势。法国农场专业化程度很高,按照经营内容大体可以分为畜牧农场、谷物农场、水果农场、蔬菜农场等,专业农场大部分经营一种产品,以突出各自产品的特点为主。

三、以日本为代表的东亚小型家庭农场

1946—1950年,日本政府采取强硬措施购买地主的土地转卖给无地、少地的农户,自耕农在总农户中的比重占了88%,耕地占了90%,并且把农户土地规模限制在3公顷以内。1952年,日本制定了《土地法》,把以上规定用法律形式固定下来,从此形成了以小规模家庭经营为特征的农业经营方式。从20世纪70年代开始,日本政府连续出台了几个有关农地改革与调整的法律法规,鼓励农田以租赁和作业委托等形式协作生产,以避开土地集中的问题和分散的土地占有给农业发展带来的障碍因素。以土地租佃为中心,促进土地经营权流动,促进农地的集中连片经营和共同基础设施的建设。以农协为主,帮助核心农户和生产合作组织妥善经营农户出租或委托作业的耕地。这种以租赁为主要方式的规模经营战略获得了成功。

第三节 家庭农场发展的环境与条件

为什么中国经历两千多年的传统农业,至今难以逾越?新中国成立后,又努力探索改造小农经济的道路,但始终收效甚微,至今仍然徘徊在小农经济的境地中。这是由于中国缺乏家庭农场发展的社会环境与条件。然而,纵观同时代的工业化发达国家,家庭农场能够随着工业化的发展而发展,并且至今长盛不衰,是因为这些国家具有了发展家庭农场的良好环境与条件。

第一,有明晰而完善的产权制度。工业化发达国家的家庭农场都有一个共同的制度,就是农地所有权的农户所有制。在他们的农场中,主要的土地归农户所有,也有的是通过土地租赁方式来增加和扩大农场规模的。但是明晰的、受到法律保护的土地私有权是这些家庭农场赖以成长和长期存在下来的制度基础。

第二,有良好的社会保障。家庭农业是一种面临国内与国际市

场竞争的现代化、商品化农业,也是一个受自然条件制约的产业,因而是充满高风险的产业。所以在发达国家中,小农场破产是常有的事。但是这些国家的农户并不害怕破产,因为他们有完善的社会保障制度,不会因为农场经营不下去就无法维持生活。完善的社会保障,使他们即使卖掉了农场也能生存下去,并有可能再寻求其他的发展机会。

第三,有完善的农业补贴制度。农业作为第一产业,与第二产业和第三产业相比,劳动生产率较低。第一产业的劳动生产率仅相当于第二产业的1/8、第三产业的1/4。由于生产周期长和受自然条件制约严重,农业生产会有投入成本高、风险大,以及收入不稳定的现象。各国都实行了对农业的补贴政策,保障家庭农场不会因为市场环境变化及自然灾害而放弃或减少生产,保证一个国家农业生产供给的稳定性,也提高了家庭农场和农业产品在全球市场的竞争力。

第四,有国家力量支持。国家元首或政府首脑通过各种外交和外贸洽谈,以及其他途径和手段,促销本国的农业产品,打开和扩大农产品在世界市场的出口量,以此促使本国家庭农场的生产持续发展下去。

第五,有农业金融信贷和农业保障服务。发达国家的家庭农场可以以农场土地作为抵押来换取土地银行等金融机构的贷款、政策性低息或免息贷款。农业保障可以给农场经济在市场竞争或自然灾害情况下的农业失收提供保障,从而避免家庭农场陷入破产。

综上所述,以上五条使发达国家的家庭农场经济能够持久地发展下去。而包括我国在内的传统农业国恰恰缺乏这些环境与条件,这给包括我国在内的传统农业国家发展现代农业提供了非常有益的经验示范和改革借鉴。

第四节　家庭农场的扶持政策

一、农业补贴政策

近年来，我国实施了"四补贴"等支农惠农政策，切实减轻了农民负担，增加了农民收入。

（一）粮食直补政策

粮食直补政策，即对种粮农民直接补贴，就是把原来通过流通环节的间接补贴改为对种粮农民的直接补贴，补贴资金主要通过粮食种植面积直接落实到种粮农民手中，实现对种粮农民利益的直接保护，调动农民种粮积极性，促进国家粮食安全。

（二）农作物良种补贴

农作物良种补贴，是指国家通过建立良种推广示范区，对农民选用农作物良种并配套使用良法技术进行的资金补贴，目的是支持农民积极使用优良作物种子，提高良种覆盖率，增加农产品产量，改善产品品质，推进农业区域化布局、规模化种植、标准化管理、产业化经营。目前实施的作物品种有水稻、小麦、玉米、大豆等四大粮食作物及棉花、油菜两种经济作物。农作物良种补贴资金运行管理实行省级列支、专户直拨。

（三）大型农机具购置补贴

农机具购置补贴是指国家对农民个人、农场职工、农机专业户和直接从事农业生产的农机作业服务组织购置和更新大型农机具给予的部分补贴。在申请补贴人数超过计划指标时，要按照公平公正公开的原则，采取公开摇号等农民易于接受的方式确定补贴对象。对已经报废老旧农机并取得拆解回收证明的，可优先补贴。

补贴范围：农业部根据全国农业发展需要和国家产业政策，在充分考虑到各省地域差异和农业机械化实际的基础上,确定中央财政资金补贴机具种类范围为:耕整地机械、种植施肥机械、田间管理机械、收获机械、收获后处理机械、农产品初加工机械、排灌机械、畜牧水产养殖机械、动力机械、农田基本建设机械、设施农业设备和其他机械等12大类、48个小类、175个品目机具。

补贴标准:中央财政农机购置补贴资金实行定额补贴。每档次农机产品补贴额按不超过此档产品在本省近3年的平均销售价格的30%测算,重点血防区主要农作物耕种收及植保等大田作业机械补贴定额测算比例,不得超过50%。

(四)农资综合直补

农资综合直补,是指国家为了解决柴油调价、化肥、农药、农膜等农业生产资料价格变动对农民种粮收益产生的影响而对种粮农民给予的补贴。农资综合补贴按照动态调整制度,根据化肥、柴油等农资价格变动,遵循"价补统筹、动态调整、只增不减"的原则及时安排和增加补贴资金,合理弥补种粮农民增加的农业生产资料成本。其资金来源于粮食风险基金,通过粮食风险基金专户下拨。

近几年,我国在农业补贴方面的政策更新比较快,补贴的额度和范围在不断扩大,而且各个省份相应也有本省的补贴范围及额度,广大家庭农场主要及时查询国家和省份的相关惠农政策,为家庭农场的成功创办争取政策支持。

二、政策性农业保险政策

农业保险是农业生产者以支付小额保险费为代价,把农业生产过程中由于灾害事故造成的农业财产损失转嫁给保险人的一种制度安排。简单地讲,农业保险就是以农作物和饲养动物为对象的一类保险。农业保险实质是国家为稳定国民经济基础、加强农业保护而实行的一项惠农政策,由各级财政给予农民保费补贴,是政府财政对农业的一种附加投入或补偿性投入,是政府对农业的一种净投入,所以,又称为政策性农业保险。

农业保险补贴险种按"低保障、广覆盖"来确定保障水平,以保障农户灾后恢复生产为出发点。保险金额原则上为保险标的生长期内所发生的直接物化成本(以国家权威部门公开的数据为标准),包括种子成本、化肥成本、农药成本、灌溉成本、机耕成本和地膜成本。即只保成本,不保收益。

(一)目前中央和地方各级财政给予保费补贴的品种

种植业保险:包括玉米、水稻、大豆、葵花籽、花生5个品种。以上5个险种的保费补贴比例均为:中央财政40%、省财政25%、县级财政15%,参保农民自担20%。

养殖业保险:包括能繁母猪和奶牛两个品种。能繁母猪保险保费补贴比例为:中央财政50%、省财政10%、县级财政20%、参保养殖户自担20%;对参加保险的龙头企业,由龙头企业承担30%,龙头企业所在地财政部门补贴10%。奶牛保险保费补贴比例为:中央财政30%、省财政15%、县级财政15%、参保养殖户自担40%;对参加保险的龙头企业,由龙头企业承担45%,龙头企业所在地财政部门补贴10%。

(二)具体保险责任

种植业保险:玉米、水稻、大豆、葵花籽和花生的保险责任为人力无法抗拒的暴雨、洪水、内涝、风灾、雹灾、旱灾、冰冻(霜冻及障碍性低温冷害)。保险期限根据作物的生长期(从苗期开始到开始收获为止)确定。具体起止日期以保险单载明为准。若被保险人在保险期限内收获或改种其他作物,则该部分保险作物的保险责任自行终止。

能繁母猪保险:保险责任为猪丹毒、猪肺疫、猪水泡病、猪链球菌、猪乙型脑炎、附红细胞体病、伪狂犬病、猪细小病毒、猪传染性萎缩性鼻炎、猪支原体肺炎、旋毛虫病、猪囊尾蚴病、猪副伤寒、猪圆环病毒病、猪传染性胃肠炎、猪魏氏梭菌病、口蹄疫、猪瘟、高致病性蓝耳病及其强制免疫副反应;暴雨、洪水(政府行蓄洪除外)、风灾、雷击、地震、冰雹、冻灾;泥石流、山体滑坡、火灾、爆炸、建筑物倒塌、空中运行物体坠落。

奶牛保险:保险责任为口蹄疫、布鲁氏菌病、牛结核病、牛焦虫病、炭疽、伪狂犬病、副结核病、牛传染性鼻气管炎、牛出血性败血病、日本血吸虫病;暴雨、洪水(政府行蓄洪除外)、风灾、雷击、地震、冰雹、冻灾;泥石流、山体滑坡、火灾、爆炸、建筑物倒塌、空中运行物体坠落。

能繁母猪和奶牛的保险期限均为1年,并设观察期15天。

农民在参加政策性农业保险后,要取得正常赔款,应当履行保险合同所约定的保险义务。平时要按畜牧部门和保险公司的要求,做好防疫、配种、妊娠等记录,建立健全和执行防疫、治疗的各项规章制度,在保险畜禽发病后要及时医治,做到早报告、早隔离、早治疗。否则,保险公司会根据因保户未尽到合同约定的保险义务,导致损失发生或扩大的理由而减少赔款或拒绝赔款。

(三)保险索赔规定

当发生保险责任范围内的灾害事故时,参保农户要做好下列相关工作。

(1)在第一时间,通过保险公司的服务热线电话进行报案,也可以直接向保险公司委托的政策性农业保险服务站或保险服务代理员报案。

(2)在保险公司查勘人员到达现场之前,要尽量保护好现场不受破坏,当被保险的财产仍处于危险之中时,要立即组织施救以减少损失。

(3)协助保险公司查勘人员做好定损理赔工作,在保险理赔人员的指导下,填写出险及理赔通知单、损失确认单等,说明事故发生的原因、经过和损失情况,协助理赔人员现场清点和定损。

(4) 积极提供赔款必备的相关部门证明材料,如畜禽疫病死亡,需要当地畜牧部门出具病因证明,并要提供按时接种的证明材料。

(5) 在办齐相关赔偿手续、达成赔偿协议后,持保险单和保户的营业执照、法人代码证、个人身份证等办理赔款的必要证件向保险公司申请赔付。

(6) 保险公司按照约定赔付时限,一般会在 5 个工作日内将赔款付给农户。

三、农业税收优惠政策

(一) 废止的农业税收政策

国家为了减轻农民负担,让农民得到真正的实惠,废止了相关税收政策:种粮农民自 2006 年 1 月 1 日起,不再缴纳农业税;2006 年 2 月 17 日后农民销售自产的农业特产收入不用再缴纳农特产税;农民屠宰自养的猪、牛、羊等不用再缴纳屠宰税。

(二) 农业服务收入免税范围

农民从事农业机耕、排灌、病虫害防治、植物保护、农牧保险以及相关技术培训业务收入,家禽、牲畜、水生动物的配种和疾病防治收入,免征营业税。同时,国家规定,纳税人单独提供林木管护劳务行为的收入中,属于提供农业机耕、排灌、病虫害防治、植保劳务取得的收入,免征营业税。

(三) 经营项目免税范围

按照规定,农业企业从事农、林、牧、渔业项目经营所得可以免征、减征企业所得税。

(1) 农业企业从事蔬菜、谷物、薯类、油料、豆类、棉花、麻类、糖类、水果、坚果的种植,中药材的种植,林木的培育和种植,牲畜、家禽的饲养,农作物新品种的选育,林产品的采集,灌溉、农产品初加工、兽医、农技推广、农机作业和维修等农、林、牧、渔服务业项目,远洋捕捞项目的所得,免征企业所得税。

(2) 农业企业从事花卉、茶以及其他饮料作物和香料作物的种植、海水养殖、内陆养殖项目的所得减半征收企业所得税。

四、家庭农场的技术扶持政策

农业部以农经发印发《农业部关于促进家庭农场发展的指导意见》,意见中就家庭农场社会化服务提出三个方面的政策,其核心是支持家庭农场改善生产条件、提高技术水平。其政策要点主要是:基层农业技术推广机构要把家庭农场作为重要服务对象,有效提供农业技术推广、优良品种引进、动植物疫病防控、质量检测检验、农资供应和市场营销等服务。支持有条件的家庭农场建设试验示范基地,担任农业科技示范户,参与实施农业技术推广项目。引导和鼓励各类农业社会化服务组织开展面向家庭农场的代耕代种代收、病虫害统防统治、肥料统配统施、集中育苗育秧、灌溉排水、贮藏保鲜等经营性社会化服务。

五、家庭农场的金融扶持政策

金融是农业生产和农村建设的血脉。家庭农场规模较大,从土地流转、农场基础设施建设、前期生产资料购置、后期经营管理等生产环节都需要投入大量的资金。而我国的家庭农场大多由承包农户发展而来,资金实力比较弱,不同的农场主多有着类似的顾虑,那就是贷款难。然而因农户原有土地规模很小,除了个别资本密集型家庭农场外,绝大部分家庭农场需要流转土地。由于经营规模较大,农业生产所需要的种子、化肥、农药,还有灌溉、收割、运输、仓储,或者所需要雇用的农业劳动力,都需要大量的资金。如武汉城郊家庭农场进行大棚蔬菜种植,仅大棚设施的费用为1万元/亩左右,这还没有包括土地平整以及开挖沟渠等其他成本。

河北涞水县土地流转中心的调查页显示,当地每座1.5亩的日光温室大棚仅一次性固定投入就需 8 万元。目前针对农民的贷款比较好的模式是小额信贷,但是小额信贷额度太小、手续烦琐,根本无法满足家庭农场的资金需求。因此家庭农场主往往只能通过自己的亲朋好友等社会网络筹集资金,在急需资金时甚至要通过高利贷来缓解燃眉之急。可见,融资就成为制约家庭农场生产经营发展的瓶颈。

金融支持具体措施如下。

(一) 拓宽抵押物范围

融资难成为制约家庭农场发展的一个重要障碍。虽然资金存在缺口,但家庭农场主却很少有人去银行贷款,主要原因是"家庭农户没有抵押物,土地是流转过来的,银行不认可"。

盘活既有资产,具体事例如下。

其一,种养殖物(权)抵押贷款。家庭农场最为直接的可抵押资产是农场的种养殖物。近年来,江苏省金融机构开发了一些针对种养殖物(权)的金融产品。2012 年,南通海门农商行推出农资活物抵押贷款,以农村企业养殖的奶牛为抵押物,为借款人发放贷款;为了分散并有效控制风险,由企业为抵押活物办理农业保险,以贷款银行为受益人。同样,近年来林权抵押贷款也得到了快速发展。截至 2013 年一季度末,全省林权抵押贷款余额 2.53 亿元。

其二,农机设备抵押贷款。从事种植业的家庭农场很多需要购置各类农用机械设备。加之近年来国家鼓励农机耕种,对购买大型化设备的补贴率较高,部分家庭农场融资用途便是购买补贴较高的农机设备。连云港市东海农联社与地方农经部门、相关农机销售商合作,开办了农机设备抵押贷款。借款人与农机销售商签订购买协议,并为所购农机办理以贷款银行为受益人的保险,向银行提供贷款申请等相关材料,经银行审核无误后,发放相应贷款。自开办以来,该联社已累计发放 732 笔农机抵押贷款,投放贷款 1.24 亿元。

其三,"一权一房"抵(质)押贷款。伴随农村土地流转工作的推进，土地承包经营权和完善农业保险农村住房成为试点探索的新型债务抵（质）押品。农村企业或个人以自己拥有的农村土地承包经营权、农村住房作为抵（质）押物，可以向银行申请贷款。银行通过租金评估土地承包经营权的价值，给予借款人相应的贷款额度。地方政府通过成立风险基金，为银行业金融机构分担50%的风险。

其四，联保互保贷款。以农业产业链、行业信用协会、龙头企业等为核心载体的联保互保贷款模式，也同样适用于家庭农场。淮安市金湖联社开发的"行业信用协会"信贷模式是一个典型。该模式由信用互信的社员自愿组成联保体，以会员基金担保和会员之间互保、联保获得授信，解决了农民专业合作组织因不具备独立承担债务功能而无法融资的问题。

（二）金融支持措施

在各地人民银行的积极推动下，很多地方探索建立了有政府背景的担保基金或担保机构，为家庭农场的贷款提供担保。例如，江苏省常州市下辖的溧阳市政府拨付财政资金作为农业贷款担保基金，并在农工办事处下设立"溧阳市农业贷款信用担保中心"，为农业生产基地、农村种养殖大户融资提供担保。

第五节 家庭农场的经营管理

一、家庭农场的认证管理

家庭农场保证农产品生产质量，不仅可以促进农场增效、家庭增收，而且有助于自身的可持续发展。家庭农场具有提高农产品质量安全的经济动力，也具有提升农产品质量的条件。

进行农产品的农产品"三品一标"认证是农产品标准化、家庭农场进行绿色管理和绿色营销的重要措施。"三品一标"认证是指无公害农产品、绿色食品、有机食品和农产品地理标志。通俗一点说就是，农产品地理标志主要说明农产品来源于特定地域。无公害农产品、绿色食品、有机食品都是经质量认证的安全食品；无公害农产品是绿色食品和有机食品发展的基础，绿色食品和有机食品是在无公害农产品基础上的进一步提高；无公害农产品、绿色食品、有机食品都注重生产过程的管理，无公害农产品和绿色食品侧重对影响产品质量因素的控制，有机食品侧重对影响环境质量因素的控制。

二、家庭农场的制度管理

（一）家庭农场如何制定内部规章制度

古人云："没有规矩，不成方圆。"规矩是人类生存与活动的前提与基础，人们总是要在规与矩所成形的范围内活动。世间万事万物都有规矩，小到日常生活，大到国家大事。家需要有家规、行需要有行规、国需要有国法。大到国家的法律法规；小到家庭农场也要制定的《守则》和《规范》。作为家庭农场，虽然有农场主的言传身教，有长期形成的家风家规，但是作为企业式的运营，就必须有合乎一个组织发展目标的规范，只有这样才能让家庭农场更好地发展与进步。

规章制度是管理的需要。规章制度一般是针对已经发生或容易发生的问题制定的，是管理实践的需要，而不是人的主观想象。没有控制的管理就不是管理，所以，管理要借助于制度来进行控制。家庭农场有了制度一定要按照制度执行，如果朝令夕改，或者制度仅仅针对某一个人或者几个人，就失去了制定制度的必要，而且将来再制定规章制度也没有人相信了。

家庭农场需要什么样的内部规章制度呢？一般需要《家庭农场员工规范》《人事制度》，其中包括：培训、入职、考勤、请假、工资保险福利等制度，《财务制度》《车辆管理制度》《公章及合同管理规定》《办公用品领用制度》《车费报销制度》等，按照农场发展不同的阶段，需视具体需要建立一些具体的制度。

(二) 家庭农场的发展规划

著名经济学家舒尔茨认为，同企业家一样，农民也是利润最大化的追求者。农民的行为选择，完全符合经济学的理性原则。农民"'首先是一个企业家，一个商人'，……他购买自己能买得起的东西时非常注意不同市场上的价格，他认真地计算其生产用于销售或家庭消费的谷物时自己劳动的价值，并与受雇工作时的情况加以比较，然后根据计算与比较再行动。"他更激情地指出：传统农民缺乏的不是经济理性，而是廉价的有效投入。"一旦有了投资机会和有效的激励，农民将会点石成金。"所以，农民，尤其是家庭农场主从来就是企业家，具备企业家的精神。做好企业的管理，当然要学会做计划。

美国著名管理学家哈罗德·孔茨说过："计划工作是一座桥梁，它把我们所处的这岸和我们要去的对岸连接起来，以克服这一天堑。"建设家庭农场并非短期项目，需要做长期的规划，也需要将长期规划分解为各种短期的计划。作为一个家庭农场的管理者，要明白做计划工作是管理活动的桥梁，是组织、领导和控制等管理活动的基础。家庭农场生产经营、市场营销等所有活动均离不开计划。计划工作具有普遍性和秩序性，计划工作是所有管理人员的一种重要职能。而且对于发展中的家庭农场而言，制定一个富于理想而且可以实现的计划，不仅对家庭成员具有激励作用，也提高雇员的士气。

做一份好的计划，需要有五项内容，人们称之为"5W1H"，包括做什么？(What 目标与内容)；为什么做？(Why 原因)；谁去做？(Who 人员)；何地做？(Where 地点)；何时做？(When 时间)；怎样做？(How 方式、手段)。

做一项计划的步骤有四部分，第一是确定目标，第二是认清现在：环境研究（外部环境和内部环境的研究），第三是研究过去：过去决策可能带来的影响并发现其规律，然后是预测并有效地确定计划的重要前提条件,第四是拟订和选择可行的行动计划拟订备选方案、比较和评价备选方案、确定选择原则、选定满意或合理方案。

三、家庭农场项目管理

(一)家庭农场的项目的概述

家庭农场的发展与成长,离不开家庭农场成员自身的拼搏和努力,但自身力量毕竟有限,如果能获得国家农业资金的支持,就能更有效地为家庭农场注入动力,增强活力。因此,家庭农场对项目及项目建设应该有必要的了解,并有针对性地争取。

项目一般指同一性质的投资或同一部门内一系列有关或相同的投资,或不同部门内一系列投资。具体项目是指按照计划进行的一系列活动,这些活动相互之间是有联系的,并且彼此间协调配合,其目的是在不超过预算的前提下,在一定的期限内达成某些特定的目标。

而农业项目,泛指农业方面分成各种不同门类的事物或事情。包括物化技术活动、非物化技术活动、社会调查、服务性活动等。在农村、农业、农民的实际工作中,拥有数以万计的各种类型、内容不同、形式多样、时限有长有短的农业项目,包括每年新上的项目、延续实施的项目和需要结题的项目等。

1. 项目分类

农业方面的项目依据其性质区分,一般有 2 大类,一类是农业生产项目,另一类是农业科技推广项目。

(1)农业生产项目。农业生产项目,主要是指在农、林、水、气等部门中,为扩大农业方面长久性的生产规模,提高其生产能力和生产水平,能形成新的固定资产的经济活动。

(2)农业科技推广项目。农业科技推广项目,主要是指国家、各级政府、部门或有关团体、组织机构或科技人员,为使农业科技成果和先进实用技术尽快应用于农业生产，保障农业的发展，加快农业现代化进程，并体现农业生产的经济效益、社会效益和生态效益而组织的某一项具体活动。

2. 项目选择

家庭农场应根据自身条件、定位，善于选择国家政策扶持的项目。

（1）项目选择依据。

①市场需要。在农业生产经营和技术推广过程中，有时生产经营能力不能适应发展的需要，其生产的农产品并非市场所急需、或某类农产品有供过于求、或农产品附加值太低的问题，因此需要充分考察国内外市场的需求状况，确定目标市场，并对目标市场进行细分，进而实施不同的农业项目，达到增产增收或其他推广目标。

②社会发展的需要。从广义上讲，社会发展就是社会进步。从狭义上讲，社会发展是从传统社会向现代社会的变迁过程。单纯的经济增长不等于社会发展，它包括经济发展、社会结构、人口、生活、社会秩序、环境保护、社会参与等若干方面的协调发展。最主要的是人的发展，现代科技的普及等。

因此，在农业生产经营和技术推广活动中必须有计划、分步骤地开展各种各样的项目实施工作，即以不同的项目有计划、有目的地提高生产经营能力，对新成果进行传播和应用，实现提高农业生产水平。

（2）农业生产项目的分类。

①现代农业生产发展资金项目。现代农业生产发展资金主要用于支持各地稳定发展粮油战略产业，加快发展蔬菜等十大农业主导产业，促进粮食等主要农产品有效供给和农民持续增收。现代农业生产发展资金的支持对象为：农民专业合作社、家庭农场、专业种养大户，与农民建立紧密利益联结机制直接带动农民增收的农业龙头企业等现代农业生产经营主体，开展农技推广应用的农技推广机

构以及粮食生产功能区建设主体。优先支持对推进村级集体经济发展壮大有较大作用的主体。现代农业生产发展资金主要支持以下关键环节。

基础设施建设：项目区土地平整、土壤改良，主干道、作业道、蓄水灌溉、田间水利，滴喷灌设施、大棚温室、育苗设施，高标准鱼塘改造、浅海养殖设施、新型网箱、水处理设施，标准化养殖畜禽舍，养殖专用生产设施及防疫设施，"两区"生产配套服务设施等基础设施建设。

设备购置：农（林、渔）业机械，质量安全检测检验仪器设备，农产品产地加工、贮藏、保鲜、冷藏等设备购置。

技术推广：良种引进推广、繁育，品种优化改良，先进实用技术和生态循环农业发展模式推广应用与技术培训和示范。

现代农业生产发展资金在加大对种子种苗、科技推广、机械化、产业化与合作经营机制培育、基础设施建设等扶持力度的同时，根据不同产业，重点支持以下具体内容。

粮油产业（主要包括水稻、小麦、玉米、油菜、木本油料等产业）：重点支持基础设施、土壤改良和"三新"技术推广示范、粮食生产高产创建等。

蔬菜产业：重点支持"微蓄微灌"和大棚设施建设等。

茶叶产业：重点支持标准茶园建设和初制茶厂优化改造等。

果品产业（主要包括柑橘、杨梅、梨、桃、葡萄、枇杷、李子、蓝莓等产业）：重点支持精品果品基地建设和产后处理等。

畜牧产业（主要包括猪、牛、羊、禽类等产业）：重点支持标准化生态循环养殖小区建设和良种引进等。

水产养殖产业（主要包括鱼类、虾蟹类、龟鳖类、珍珠、海水贝藻类等产业）：重点支持高标准鱼塘、新型网箱、节能温室、浅海养殖等基础设施建设和设备购置，以及稻田养鱼、水产健康养殖示范基地、水产品新品种新技术推广等。

竹木产业：重点支持林区道路等基础设施建设和竹木高效集约经营利用项目等。

花卉苗木产业：重点支持大棚等设施设备和产品推广等。

蚕桑产业：重点支持蚕桑优化改造和种养加工设施等。

食用菌产业：重点支持集约化生产基地和循环生产模式等。

中药材产业：重点支持药材规范化基地建设和产地加工等。

②财政农业专项资金项目。财政农业专项资金项目是为进一步推进粮食生产功能区、现代农业园区和基层农业公共服务中心建设，保障农业现代化行动计划顺利实施而设立的，通过强化资金集聚和项目带动，推动农业生产规模化、产品标准化、经济生态化。支持对象为规范化农民专业合作社、家庭农场、专业大户、国有农场、村经济合作社、与农民建立紧密利益联结机制的农业龙头企业等生产经营主体，以及开展农技推广应用的推广机构。

（3）农业科技推广项目的分类。

①星火计划。星火计划是依靠科技进步、振兴农村经济，普及科学技术、带动农民致富的指导性科技计划，是国民经济和社会发展计划及科技发展计划的一个重要组成部分。

星火计划的宗旨是：坚持面向农业、农村和农民；坚持依靠技术创新和体制创新，促进农业和农村经济结构的战略性调整和农民增收致富；推动农业产业化、农村城镇化和农民知识化，加速农村小康建设和农业现代化进程。

星火计划的主要任务是：以推动农村产业结构调整、增加农民收入，全面促进农村经济持续健康发展为目标，加强农村先进适用技术的推广，加速科技成果转化，大力普及科学知识，营造有利于农村科技发展的良好环境。围绕农副产品加工、农村资源综合利用和农村特色产业等领域，集成配套并推广一批先进适用技术，大幅度提高农村生产力水平。

②农业科技成果转化资金项目。农业科技成果转化资金项目是

指由科技部门和财政部门共同实施、农业部门负责监理的项目,支持对象主要为农业科技型企业。转化资金根据农业科技成果转化地域性强、周期长、风险大的特点,支持有望达到批量生产和应用前景的农业新品种、新技术和新产品的区域试验与示范、中间试验或生产性试验,为农业生产大面积应用和工业化生产提供成熟配套的技术。支持重点是:动植物新品种(或品系)及良种选育、繁育技术成果转化;农副产品贮藏加工及增值技术成果转化;集约化、规模化种养殖技术成果转化;农业环境保护、防沙治沙、水土保持技术成果转化;农业资源高效利用技术成果转化;现代农业装备与技术成果转化。

③科技发展计划。科技发展计划是政府直接参与,实现科技和经济发展目标的有力手段;是政府通过资金运用和政策调控,开发先进适用的农业科学技术,并把这些技术引向农村,引导亿万农民依靠科技发展农村经济,促进农村劳动者整体素质的提高,推动农业和农村经济持续、快速、健康发展。

(二)家庭农场项目的申报与管理

1. 家庭农场项目的申报

(1)申报前的准备。项目主管部门在发布项目指南后,相关农业企业(包括家庭农场)对照指南要求,开始前期准备工作,填写项目申请书,并进行可行性分析研究和论证评估。提交项目申请书后,有的项目还应按照要求准备答辩。为了提高项目申报的成功率,申报单位对所申报的项目,应集思广益,聘请有关专家,参照有关规定和指南进行认真的论证,并积极修改项目申报的相关材料。申报前的论证,关系申报的成败,必须积极、认真,坚持实事求是。

(2)明确项目承担单位条件。农业项目需要具体的承担单位来执行并完成,项目承担单位的条件如下。

①领导重视。承担单位领导对项目的实施非常重视,愿意承担

项目的实施工作。

②有较完善的组织机构。承担单位必须是农业经营主体，内部管理机构完善，分工明确，人员配备完整。

③有较强的技术力量和必要的仪器设备。承担单位的技术依托单位技术力量较强，技术人员有与项目相关的专业知识，技术水平较高，有承担项目实施的经验。同时，有与项目实施要求相适应的仪器设备，能完成项目的实施任务。

④有一定的经济实力。农业项目的实施，除项目下达单位拨付一定经费外，往往还需要承担单位配套相应的经费。因此，承担单位必须有一定的经济实力，才能完成项目实施任务。

⑤有较强的协调能力。有的项目一个单位完成有一定的困难，需要其他相关单位配合才能完成。因此，在有多个单位一起参与的情况下，主持（承担）单位必须具有较强的协调能力，指挥协作单位共同完成项目任务。

（3）明确项目承担单位和申请人的职责。项目主持人（负责人）一般应由办事公正、组织协调能力较强、专业技术水平较高的行家担任。项目主持单位和项目主持人（负责人），能牵头做好以下工作。

①编写《项目可行性研究报告》，并根据专家论证意见修改、补充，形成正式文本。

②搞好项目组织实施、组织项目交流、检查项目执行情况。每年年底前将上年度项目执行情况报告、统计报表及下年度计划，报项目组织部门审查。

③汇总项目年度经费的预决算。

④负责做好项目验收的材料准备工作。

⑤传达上级主管部门有关项目管理的精神，反映项目实施过程中存在的问题，提出相应的解决意见，报项目组织部门审核。

（4）项目申报材料的一般格式。

①农业生产项目的申报材料一般有项目可行性研究报告和财政

申报文本两种。

A. 农业项目可行性研究报告的一般格式和要求如下。

项目摘要。项目内容的摘要性说明,包括项目名称、建设单位、建设地点、建设年限、建设规模与产品方案、投资估算、运行费用与效益分析等。

项目建设的必要性和可行性。

市场(产品)供求分析及预测。主要包括本项目区本行业(或主导产品)发展现状与前景分析、现有生产能力调查与分析、市场需求调查与预测等。

项目承担单位的基本情况。包括人员状况,固定资产状况,现有建筑设施与配套仪器设备状况,专业技术水平和区域示范带动能力等。

项目地点选择分析。项目建设地点选址要直观准确,要落实具体地块位置并对与项目建设内容相关的基础状况、建设条件加以描述,不可以项目所在区域代替项目建设地点。具体内容包括项目具体地址位置(要有平面图)、项目占地范围、项目资源及公用设施情况,地点比较选择等。

生产工艺技术方案分析。主要包括项目技术来源及技术水平、主要技术工艺流程、主要设备选型方案比较等。

项目建设目标。包括项目建成后要达到的生产能力目标,任务、总体布局及总体规模。

项目建设内容。项目建设内容主要包括土建工程、田间工程(指农牧结合的)、配套仪器设备等。要逐项详细列明各项建设内容及相应规模。土建工程:详细说明土建工程名称、规模及数量、单位、建筑结构及造价。建设内容、规模及建设标准应与项目建设属性与功能相匹配,属于分期建设及有特殊原因的,应加以说明。水、暖、电等公用工程和场区工程要有工程量和造价说明。田间工程:建设地点相关工程现状应加以详细描述,在此基础上,说明新(续)

建工程名称、规模及数量、单位、工程做法、造价估算。配套仪器设备：说明规格型号、数量及单位、价格、来源。对于单台（套）估价高于5万元的仪器设备，应说明购置原因及理由和用途。对于技术含量较高的仪器设备，需说明是否具备使用能力和条件。配套农机具：说明规格型号、数量及单位、价格、来源及适用范围。大型农机具，应说明购置原因及理由和用途。

投资估算和资金筹措。依据建设内容及有关建设标准或规范，分类详细估算项目固定资产投资并汇总，明确投资筹措方案。

建设期限和实施的进度安排。根据确定的建设工期和勘察设计、仪器设备采购、工程施工、安装、试运行所需时间与进度要求，选择整个工程项目最佳实施计划方案和进度。

土地、规划、环保和消防。需征地的建设项目，项目可行性研究报告中必须附国土资源部门核发的建设用地证明或项目用地预审意见。需要办理建设规划报建以及环评和消防审批的，附规划部门以及环保、消防部门意见。

项目组织管理与运行。主要包括项目建设期组织管理机构与职能，项目建成后组织管理机构与职能、运行管理模式与运行机制、人员配置等；同时要对运行费用进行分析，估算项目建成后维持项目正常运行的成本费用，并提出解决所需费用的合理方式方法。

效益分析与风险评价。对项目建成后的经济与社会效益测算与分析。特别是对项目建成后的新增固定资产和开发、生产能力，以及经济效益、社会效益等进行量化分析。

有关证明材料。各种附件、附表、附图及有关证明材料应真实、齐全。

B. 农业财政资金项目申报标准文本的一般格式和要求如下。

农业财政资金项目申报标准文本为表格式文本，按其具体要求逐一填写。主要有以下内容。

基本信息：包括项目名称、资金类别、项目属性、总投资、其中申请财政补助、项目单位名称等。

项目可行性研究报告摘要：包括项目与项目单位概况（项目基本情况：立项背景、建设目标等；项目单位情况：近两年财务状况、技术条件和管理方式等）、投资必要性分析（是否符合产业政策、行业和地区发展规划；资源优势及其与当地主导产业关系；促进当地经济发展和农民增收作用）、市场分析（项目主要产品种类、生产和销售情况；主要产品的市场供需状况及发展趋势；主要产品的市场定位与竞争力）、生产、建设条件分析（项目所在地自然资源条件、社会经济条件；交通、水、电、通信等基础设施与配套设施）、建设方案（项目实施地点、范围和实施计划；建设内容和技术方案；项目运作机制和组织落实）、财政补助资金支持环节、投资估算与资金筹措、主要财务指标、社会效益分析、示范带动作用、促进农民增收、公共服务覆盖范围、生态环境影响、结论。

项目评审论证表和申报项目审核表。

②农业科技推广项目的申报材料一般包括项目申请表、项目可行性报告、承诺书及有关附件材料等。

项目可行性报告的一般格式和要求如下。

项目概况，国内外同类研究情况（包括技术水平）；技术（产品）市场需求、经济、社会、生态效益分析；项目主要研究开发内容、技术关键；预期目标（要达到的主要技术经济指标；自主知识产权申请拥有设想）；项目现有技术基础和条件（包括原有基础、知识产权情况、技术力量的投入、科研手段等）；实施方案（包括技术路线、进度安排）；项目预算（包括经费来源及用途）；申请单位概况（包括企业规模、技术力量、设备和配套情况、企业资产及负债情况）；项目负责人及主要参加人员简历等。

（5）项目的立项程序。申报农业项目，首先要由承担单位，主要是农村家庭农场等经济实体，根据项目申报指南要求，选择符合自身实际要求的项目，填报申请表及项目可行性报告，分别通过网上和书面两条途径向项目主管部门申报。项目主管部门接到申报材料后，将组织相关专家进行综合评价，有的还要进行实地考察，有的项目初评结果还将在网上进行公示，公示期限内无异议的正式立项，并签订项目合同或下达项目计划任务书。

2. 项目管理的内容和方法

（1）项目管理的概述。项目管理就是应用系统的方法，对项目的拟定立项、实施执行、成果评价、申报归档等各个阶段工作的实践活动、连接与配合进行有效的协调、控制与规范行为，以达到预期目标的活动过程。

项目管理与管理的性质一样，具有二重性，即自然属性和社会属性。

管理的自然属性，表明了凡是社会化大生产、产业化、规模化的劳动过程，都需要管理，管理的这种自然属性主要取决于生产力发展水平和劳动社会化程度，而不取决于生产管理的性质；管理的社会属性表明了一定生产关系下管理的实质，这种社会属性，随着生产关系的变化而变化，因而它是管理的特殊属性。例如农业项目的管理对象，是参加项目实施的广大科技人员及农业劳动者，他们是项目的主人，项目的实施过程是他们直接参与的过程，也是项目决策的参与者，通过各种方法，如经济方法、行政方法、法律方法，充分地调动他们直接参与的积极性、主动性和能动性，自觉地规范行为，实现项目的预定目标。

（2）项目管理的内容。

①项目申报立项管理。主要是项目组织单位的管理工作，其具体内容包括下达项目的编写大纲或申报指南，接受申报，组织专家对申报项目进行可行性研究，做出决策，否定或批准立项，下达项目计划并执行。

②项目实施管理。具体的内容包括层层签订合同，对实施方案与计划执行管理、对实施单位的人、财、物管理，检查、反馈与调

整等,这一阶段的管理工作包括有高层管理、中层管理和基层管理的交叉,需要互通信息、密切配合、协调共进,保证项目的顺利实施。

③项目验收与鉴定管理。其具体内容包括资料整理、总结工作的管理,对经项目承担单位申请、项目组织单位组织项目验收与鉴定工作的管理,对农业科技推广项目成果报奖及材料归档的管理工作等。

(3) 项目管理的方法。

①分级管理。项目组织部门根据各自的情况制订各自的项目计划,这些项目,一般按下达的级别进行管理。省、市、县级项目组织部门分别管理跨市、跨县、跨乡的项目。承担上级的项目,执行中的修正方案要报上级管理部门批准;项目结束后,档案材料正本要交上级管理部门,自己只留副本。

②分类管理。在各级部门管理的项目中,一般分为农、林、牧、渔项目,隶属各部门管理,部门内再按专业划分,以便于按照各专业的特点,采取不同的管理办法组织实施。

③封闭式管理。每个农业项目的管理,从目标制定,下达部署,组织执行,反馈修改方案,直至实现目标,必须形成一个封闭的反馈回路,称为封闭式管理。项目管理中如果有头无尾或只有方案没有反馈,不按照项目程序进行,就很难达到预定目标。

④合同管理。项目计划下达后,项目下达部门可与下级部门逐级签订合同书,将项目实施目标,技术经济指标,完成时间,需要的经费、物资,考核验收办法,奖惩办法等写入合同,经各方签字后生效。

(三) 家庭农场农产品加工项目建设

1. 优势农产品加工业发展规划

(1) 遵循的主要原则。市场导向原则。瞄准国内国际两个市场,立足市场对农产品及其加工品的消费需求，重点发展有比较优势和有特色的农产品加工业，发挥规模效益。

产业化经营原则。发展壮大农产品加工的龙头企业，培育一批市场竞争力强的新型市场主体，促进农产品加工企业与原料基地紧密结合、上下游产品有机衔接、产加销一体化经营。

科技创新原则。加大农产品加工的技术攻关和技术创新力度，大力引进和自主开发高新技术、设备和工艺，加快企业技术改造步伐，提高产品质量和档次。

可持续发展原则。坚持高标准、严要求，采用先进工艺和技术，切实推行清洁生产，保护生态环境，推动经济、社会、环境协调发展。

鼓励投入多元化原则。按照"谁投资，谁开发，谁受益"的原则，引导各类资金发展农产品加工业，实行投资渠道的多元化。

加强宏观指导原则。通过制定和实施农产品加工业发展规划、政策，引导农产品加工业合理布局，提高农产品加工的现代化水平。

（2）确定发展思路与目标。依据国内外农产品加工业发展趋势，加快农业资源的开发利用；依托优势农产品基地，实行大中小型加工企业合理布局，重点扶持大中型加工企业发展；依靠科技进步，着力提高农产品综合加工能力，逐步实现农产品由初级加工向高附加值精深加工转变，由资源消耗型向高效利用型转变；推进农产品加工原料生产基地化、产加销经营一体化、农产品及其加工制成品优质安全品牌化，不断提高农业的综合效益和竞争力，促进国民经济持续健康发展。

2. 优势农产品加工业的主要领域

农产品优势具有区域性，不同省份有不同的优势农产品。因此，家庭农场要发展优势农产品必须结合当地实际情况做出决策。例如，湖南省是传统农业大省，农业资源十分丰富，自古就有"湖广熟，天下足"的美誉。湖南省主要农产品中，水稻、柑橘、苎麻、油茶产量均居全国第一位；生猪出栏量居全国第二位，外销量居全国第一位；禽蛋、淡水鱼、棉花、茶叶等农产品产量也在全国占有重要地位。湖南省农产品加工业的资源条件得天独厚，加工增值潜力巨大。

例如某地农产品加工业发展重点为粮食、畜禽、果蔬、油料、茶叶、水产品、棉麻、竹木加工等八大主导产业，重点打造粮食、畜禽、果蔬加工三大产业，发展培育一批年产值过数亿元的龙头企业。因此，该地家庭农场的规划与建设必须结合农产品优势产业发展规划，以上述重点发展产业为依托，延伸产业链条，建设成为优势产业的生产基地、加工基地。

3. 家庭农场农产品加工项目建设要点

（1）总体概述。介绍加工项目名称和项目概述；产品需求与产品销售；产品方案与生产规模；生产方法；主要原料与水电供应；环境保护；总投资与资金来源；经济、社会效益分析。

（2）项目背景与发展概况。简要介绍加工项目的产生背景和项目发展前景分析。

（3）市场需求与建设规模。市场需求现状；建设规模。

（4）建设条件。资源；主要原、辅助材料；建厂条件：水、电、气象、公共设施、水文条件等。

（5）工程技术方案。

①生产技术方案：产品采用的质量标准、技术方案选择、工艺流程、主要原材料、动力消耗指标。

②总平面布局与运输。

（6）环境保护。对环境影响预测；设计采用的标准；环境保护及处理措施。

（7）劳动人员培训。加强对农产品加工技能、食品生产相关法律法规、生产流程与要求以及卫生要求等方面的培训。

（8）实施进度。选址、建厂、购置设备、安装生产线、原材料供应等方面的时间安排。

(9) 投资估算与资金筹措。农产品加工场需要的投资估算及资金的筹集方式。

(10) 产品成本估算。农产品加工成本、包装成本、工人工资、机器设备损耗折旧以及场地地租等方面的费用估算。

(11) 财务、经济评价。对农场正常运营进行财务、经济评价,投入产出分析等。

四、家庭农场的风险控制

农业与工业不同,天然存在着风险高的特征。对于家庭农场而言,随着经营规模的扩大,风险也在相应扩大,必须有一个良好的风险控制体系,重点防控好自然风险、动植物疫病风险、市场风险、制度风险和社会风险五大风险。

(一) 自然风险

农业区别于工业的最大风险是自然风险。农业是从自然界获取劳动成果,因此农业基本无法避免自然风险,只能通过避灾救灾减少影响。比如,播种时的干旱少雨,如果没有灌溉,则可能无法播种错过农时;再如,作物生长过程中的冰雹、旱涝、冷热灾害随时会发生,2013年春天的"倒春寒"使陕西苹果开花期受冻严重,至少250万亩的苹果产量会受影响;另外,成熟季节的农作物,可能因为冰雹等突然的恶性自然灾害导致产量大幅损失甚至颗粒无收。防范自然风险,虽然国家的政策性农业保险制度还在完善,但已经提供了基本的风险保障,要注意运用好这一政策。同时,还可以考虑农业商业保险。一些农业技术措施也可起到缓解作用,例如近年苹果产区发展较快的防雹网建设,一次性投入较大,但防范冰雹的能力明显提升。

(二) 动植物疫病风险

口蹄疫的暴发可能导致养殖场的偶蹄动物整体死亡或者被国家

强制扑杀，对生猪、牛羊养殖威胁很大，必须以最严格的措施防范。至于一般的动物常见疫病，往往也会造成动物死亡或者商品性丧失。再如，小麦、玉米的流行病害或容易暴发的虫灾，往往会导致产量极大的损失，像这两年正在严重发生的小麦吸浆虫、玉米黏虫等，防控不及时，产量损失极大。在动植物疫病风险的防控上，主要是严格的技术管理和持之以恒的严密防控心态，一旦出现麻痹，往往付出惨痛代价。这两年讲的养殖企业"拼管理"，其实主要是技术管理，疫病损失越少，养殖效益才能越好，就像足球场上比的是谁的失误少。

(三) 市场风险

市场风险不论工业农业均要面对，但农业的市场风险更残酷，这是因为农产品的一些特殊属性决定的。由于农产品多为鲜活农产品，所以保质期十分短暂，必须在收获时节的极短时间内出售，否则可能腐烂变质一文不值。即使那些保质期长的农产品与工业品的保质期相比，也是差距甚远。于是就形成了农产品常见的难卖问题，一到集中收获季节，往往量大价跌，供大于求，不仅效益下降，而且浪费惊人。应对市场风险，一方面，要重视农产品市场分析，避免陷入"丰收陷阱"；另一方面，要加强生产的组织化程度，通过行业协会、订单农业、合作社联合等方式，稳定市场，畅通产后渠道，保障收益。

(四) 制度风险

制度风险是系统性的，家庭农场个体一般无法应对，常见的就是政策的变动。比如，在前些年政策还比较宽松的时候，畜牧养殖场是可以建在基本农田的，当地的政府也是允许的，甚至还有鼓励政策，但随着国家土地政策的日趋严厉，基本农田的畜牧养殖场是不允许建立的，已经建立的只有拆除，这个损失对养殖场显然是巨大的；再比如，一些地方为发展地方经济而鼓励的小型产业项目，承诺有优惠政策，也宣布有订单保障，但往往随着地方领导变迁，可能人走政息，政策难以落实，订单更无从谈起，参与项目者损失惨重。应对制度风险，需要家庭农场的负责者重视地方产业政策的研究，摆正经营思想，科学选择产业，避免因一时投机取巧而付出沉痛代价。不过，正常的国家优惠政策是应该积极争取的，这是应得的国民待遇，不应拒之不理。

（五）社会风险

这个风险过去叫农民的道德风险，是由于农民对于市场经济规则的不懂不问、不遵不守而引发的，常见的是土地流转纠纷。对多数的家庭农场而言，自有土地是少数，更多的土地靠流转，而经营农业的人都知道，土地经营权的长期稳定是投资农业的首要前提。在实际中，因为种种原因，农民突然违约强行收回流转土地的情形屡见不鲜，并引发严重社会事件。最一般的结局往往是当地政府为维稳大局而对农民息事宁人，使规模经营者蒙受损失。更有严重的，农民在规模经营者经营状况明显改观之际，公然哄抢或破坏，更是法不责众。应对这一风险，要学会同农民打交道，多从农民的角度考虑问题，在长期的土地流转合同上要留给农民 3~5 年调整一次流转租金的机会，主动协调，避免被动；同时，要善于运用流出土地农民的剩余劳动力，给他们就业机会，重视社会沟通，减少抵制情绪；还要注意乡村党政力量的沟通，力求矛盾发生时的公正评判。

五、家庭农场产品的包装、分级、发货

（一）分级和包装

对已经建立农产品可追溯体系的产品，第一种是直接对农产品进行分级，第二种情况是对存储在冷库内储存箱中的农产品进行分级。无论哪一种分级，都必须对不同地块或大棚的农产品分别进行分级，以免混淆。

分级包装完成后,农产品的可追溯码后面就增加了有关加工信息的代码,即加工代码。加工代码由3段组成:①代码名称,这里用JG,即"加工"拼音的第一个字母;②批次,即当日加工的批次,建议用4位阿拉伯数字;③加工日期。如果是2017年10月30日加工的第10批次的农产品,可以写成:JG 0017 10 10 30。生产代码加上加工代码,就成为完整的农产品可追溯代码。加工代码可以用粘贴纸贴在装货的纸箱外(筐上挂标签),完成后需要立即登记。

(二)发货

家庭农场接到超市、酒店、经销商的订单后,需要准备发货。与农产品可追溯体系有关的发货工作有两部分。一是在包装箱或者装货筐上面贴上农产品可追溯条码,二是把农产品可追溯相关的信息传送给超市。

在准备发货的同时,家庭农场需要把登记的发货信息发送给超市的物流配送中心。相关的信息填在表格内,以传真或其他方式发送给超市。表格的设计可以参考表5-1所示。

表5-1 家庭农场的信息表

批次	品名	等级	规格	可追溯编码	箱筐数(只)	总重(千克)	备注
1							
2							
3							
4							
合计							

(三)配送

家庭农场的加工车间到超市的物流配送中心之间的距离,需要通过长途货运来解决。最好的方案是合作社有自己的货运卡车。可在起步阶段,一般的合作社不太可能有足够的经济实力来购置货运卡车，主要还得依靠专业的物流公司。

需要注意的是，同普通的农产品相比较，建立可追溯体系的农产品在生产过程中往往投入的人力和物力大，成本高。为了避免运输过程中无谓损耗和意外状况影响农产品的质量，家庭农场应该尽可能寻找注册资本大、信用度高，运输经验丰富的物流公司。

在农产品装车的时候，需要把同一个可追溯编号的农产品集中在一起，以便于在卸货的时候也可以集中，减少采购商挑选货物的时间。因为超市、采购商需要给农产品做小包装，并在包装上打上可追溯编码，以便顾客查询。

家庭农场需要准备货物清单两份，一份由货运卡车驾驶员转交给超市物流配送中心的收货员，另一份贴在开门即可见到的货物纸箱上。这份清单将跟随货物，直接张贴在库房货堆上，提供给开箱分装人员使用。货物清单的格式与上表基本相同。

(四) 交付

货物交付装货卡车到达超市、采购商的物流配送中心后，由司机把《订单确认表》《装货确认表》以及上文提到的货物清单交给物流配送中心的收货员，然后收货人员验收货物。收货员在收货单上签字以后，整个从田头到市场物流配送中的农产品可追溯体系程序宣告完成。

第六章 农民专业合作经济组织

第一节 农民合作社的内涵及作用

一、农民合作社的概念

在合作社的发展过程中,合作社的定义在不同历史时期、不同国家有很大的差别。例如,德国经济学家李弗曼(R. Liefmann)认为:"合作是以共同经营业务的办法,并以促进或改善社员家计或生产经济为目的的经济制度。"这种说法是把合作社当作一种制度看,包括的范围也很广。美国合作经济学家巴克尔(J. Baker)认为:"合作社是社员自有自享的团体,全体社员有平等的分配权,并以社员对合作社的利用额为依据分配其盈余,合作社是与私人企业、公司制企业不相同的一种事业。"这个定义从微观的角度提出,接近于当前世界上的普遍看法。德国经济学家戈龙费尔德(E. Grunfeld)认为:"合作是中小经营者基于自己意志的结合;由于共同对私有经济利益的追求,以实现社会政策的目的。这种制度,在其活动的范围内,排斥自由市场经济。"他把合作社看成一种追求私人利益的同时,实现社会政策目标的经济制度。马克思和列宁认为,合作制就是生产者联合劳动的制度,要以这种制度代替资本主义雇佣劳动制度。可见他们把合作制看成一种社会经济制度。

合作社就其本质意义上来说,是劳动者(包括城市工人、手工业者、农民等)为了共同利益,按照合作社原则和章程制度联合起来共同经营的企业或经济组织。

农民专业合作社(以下简称农民合作社)是指农民特别是指以

家庭经营为主的农业小生产者，为了维护和改善各自的生产以至生活条件，在自愿互助和平等互利的基础上，遵守合作社的法律和规章制度，联合从事特定经济活动所组成的企业组织形式。

二、农民合作社的类型

农民合作社的类型，可以从不同的角度划分，主要按合作的领域和组织的形式进行分类。

（一）按照合作领域分类

按照合作的领域，农民合作社可以分为以下几种。

（1）生产型合作包括农业生产全过程的合作、农业生产过程某些环节的合作和农产品加工的合作等。

（2）流通型合作包括农业生产资料和农民生活资料的供应、农产品的购销、储运等方面的合作。

（3）信用型合作是农民为解决农业生产和流通中的资金需要而成立的合作组织，如我国现阶段的农村信用社等合作金融组织。

（4）其他类型合作，如消费合作社、合作医疗等。

（二）按照组织形式分类

按照合作的组织形式，农民合作社可以分为以下几种。

（1）农业专业合作一般是指专业生产方向相同的农户，联合组建的专业协会、专业合作社等，以解决农业生产中的技术问题或农产品的销售问题等。

（2）社区性合作是以农村社区为单元组织的合作，如现阶段我国农村的村级合作经济组织。由于社区性合作经济组织与农村行政社区结合在一起，因此它不仅是农民的经济组织，同时还是社区农民政治上的自治组织，是连接政府与农民、农户与社区外其他经济组织的桥梁和纽带。

（3）股份合作是农民以土地、资金、劳动等生产要素入股联合组建的合作经济组织。股份合作不受单位、地区、行业和所有制的限制，具有很大的包容性。它是劳动联合与物质要素联合的结合体，在组织管理上实行股份制与合作制的运行机制相结合，分配上实行按劳分配与按股分红相结合。

三、农民合作社的作用

农户组建和参加合作经济组织是希望从合作经济组织获得以下几个方面的利益：第一，合作经济组织使农户的净经济收益最大（包括价格上的优惠和利润返还），这是吸引农户加入的重要原因。第二，生产者希望他们所投资生产的商品有一个稳定的市场。第三，农产品生产者希望通过一个合作经济组织来纠正市场上的价格扭曲。

增强农户在市场上的力量。目前，我国农户的规模太小，在市场上处于劣势，只能是市场价格的接收者。而加工营销商往往具有较强的实力，在市场上有垄断地位，他们可以根据自身的状况来确定其价格和产量，这样农户就受到市场力量不平衡的影响，得不到其应得利益。小规模农户组成营销合作经济组织之后，在市场上与加工营销商进行交涉的就是规模较大的合作经济组织而非单个农户，这样就增加了其在市场上的力量。

实现规模经济。合作经济组织可以通过将小规模的家庭经营联合起来以实现规模经济。许多单个农户无法完成的功能可以由合作经济组织来完成，通过合作经济组织可以采用大型机械设备，可以集体搜集信息，可以进行广告宣传等。通过合作经济组织实现的规模经济既包括生产领域的合作经济组织，也包括流通领域的合作经济组织，如果是生产领域的合作经济组织可能只实现生产领域的规模经济，流通领域的合作经济组织则可能实现流通领域的规模经济，如果合作经济组织实现从生产到流通领域的纵向一体化，就可能实现这两方面的规模经济。

减轻风险和不确定性。风险和不确定性对农户来说时刻存在，它既包括农业生产的风险,也包括市场上的风险。通过组建合作经济组织可以减轻农户的市场风险,因为它可以使农户生产的农产品有稳定的市场、价格,获得稳定的收益。

第二节 建立和管理农民合作社

一、农民合作社的设立、登记、解散和清算

(一) 农民合作社的法人地位

农民合作社作为市场主体,具有独立的法律地位,是其对外开展经营活动的前提,也是其合法权益得以保护的基础。因此法律规定,农民合作社具有法人资格,也就是说它可以独立地进行民事活动,独立地承担责任。入社的农民不用担心一旦入社而又经营亏损,是不是自己多年辛辛苦苦积累的家底都要赔进去了,合作社的财产与个人财产是分开的、各自独立的。

(二) 农民合作社的设立条件

农民合作社要成为法人,必须具备如下条件。

(1) 农民合作社应当有 5 名以上的成员,其中农民至少应当占成员总数的 80%。成员总数 20 人以下的,可以有 1 个企业、事业单位或者社会团体成员;成员总数超过 20 人的,企业、事业单位和社会团体成员不得超过成员总数的 5%。

(2) 有符合规定的章程。

(3) 有符合规定的组织机构。

(4) 有符合规定的名称和章程确定的住所。农民合作社的名称应当含有"专业合作社"字样,并符合国家有关企业名称登记管理的规定。农民合作社的住所是其主要办事机构所在地。

(5) 有符合章程规定的成员出资。农民合作社成员可以用货币

出资，也可以用实物、知识产权等能够用货币估价并可以依法转让的非货币财产作价出资。成员以非货币财产出资的，由全体成员评估作价。成员不得以劳务、信用、自然人姓名、商誉、特许经营权或者设定担保的财产等作价出资。成员的出资额以及出资总额应当以人民币表示，成员出资额之和为成员出资总额。

（三）农民合作社的登记

农民合作社经登记机关依法登记，领取农民合作社法人营业执照，取得法人资格。未经依法登记，不得以农民合作社名义从事经营活动。

农民合作社只要具备法律法规规定的设立条件，均可依法向住所地工商部门申请登记，取得法人资格。农民合作社注册登记并取得法人资格后，即获得了法律认可的独立的民商事主体地位，从而具备法人的权利能力和行为能力，可以在日常运行中依法以自己的名义登记财产（如申请自己的字号、商标或者专利）、从事经济活动（与其他市场主体订立合同）、参加诉讼和仲裁活动，并且可以依法享受国家对合作社的财政、金融和税收等方面的扶持政策。农民合作社的登记事项包括名称、住所、成员出资总额、业务范围、法定代表人姓名。

1. 设立登记

设立农民合作社，应当向工商行政管理部门提交下列文件。

（1）登记申请书。

（2）全体设立人签名、盖章的设立大会纪要。

（3）全体设立人签名、盖章的章程。

（4）法定代表人、理事的任职文件及身份证明。

（5）出资成员签名、盖章的出资清单。

（6）成员名册及成员身份证明。

（7）住所使用证明。

(8) 指定代表或委托代理人的证明。

如果业务范围在登记前须经批准,还应当提交批准文件。

2. 变更登记和注销登记

(1) 变更登记。已经登记的事项如果发生变更,应及时到原登记机关申请变更登记。

(2) 注销登记。办理注销登记的情形包括:①农民合作社的业务范围须经批准,但因特定事由许可证或批准文件被吊销、撤销或有效期届满的。②经清算组清算结束的。③因合并、分立而解散的。

(四) 农民合作社的解散和清算

1. 农民合作社的解散

农民合作社解散是指合作社因发生法律规定的解散事由而停止业务活动,最终使法人资格消灭的法律行为。合作社有下列情形之一的,应当解散。

(1) 章程规定的解散事由出现。一般来说,解散事由是合作社章程的必要记载事项,合作社的设立大会在制定合作社章程时,可以预先约定合作社的各种解散事由,如合作社的存续期间、完成特定业务活动等。如果在合作社经营中,规定的解散事由出现,成员大会或者成员代表大会可以决议解散合作社。如果此时不想解散,可以通过修改章程的办法,使合作社继续存续,但这种情况应当办理变更登记。

(2) 成员大会决议解散。成员大会是合作社的权力机构,依法有权对合作社的解散事项作出决议。农民合作社召开成员大会,作出解散的决议应当由本社成员表决权总数的 2/3 以上通过。章程对表决权数有较高规定的,从其规定。成员大会决议解散合作社,不受合作社章程规定的解散事由的约束,可以在合作社章程规定的解散事由出现前,根据成员的意愿决议解散合作社。

(3)因合并或者分立需要解散。当合作社吸收合并时,吸收方存续,被吸收方解散;当合作社新设合并时,合并各方均解散。当合作社分立时,如果原合作社存续,则不存在解散问题;如果原合作社分立后不再存在,则原合作社应解散。合作社的合并、分立应由成员大会作出决议。

(4)依法被吊销营业执照或者被撤销。依法被吊销营业执照是指依法剥夺被处罚合作社已经取得的营业执照,使其丧失合作社经营资格。被撤销是指由行政机关依法撤销农民合作社登记。农民合作社向登记机关提供虚假登记材料或者采取其他欺诈手段取得登记的,由登记机关责令改正;情节严重的,撤销登记。当合作社违反法律、行政法规被吊销营业执照或者被撤销的,应当解散。

2. 农民合作社解散后的清算

清算,指农民合作社解散后,依照法定程序清理合作社债权债务,处理合作社剩余财产,使合作社归于消灭的法律行为。清算的目的是为了保护合作社成员和债权人的利益,除合作社合并、分立两种情形外,合作社解散后都应当依法进行清算。

(1)清算组的成立。因章程规定的解散事由出现、成员大会决议解散或者依法被吊销营业执照、被撤销等原因解散的,应当在解散事由出现之日起 15 日内由成员大会推举成员组成清算组,开始解散清算。逾期不能组成清算组的,成员、债权人可以向人民法院申请指定成员组成清算组进行清算,人民法院应当受理该申请,并及时指定成员组成清算组进行清算。

(2)清算组的职权。清算组是指在合作社清算期间负责清算事务执行的法定机构。合作社一旦进入清算程序,理事会、理事、经理即应停止执行职务,而由清算组行使管理合作社业务和财产的职权,对内执行清算业务,对外代表合作社。清算组自成立之日起接管农民合作社,负责处理与清算有关的未了结业务,清理财产和债权、债务,分配清偿债务后的剩余财产,代表农民合作社参与诉讼、仲裁或者其他法律程序，并在清算结束时办理注销登记。清算组成员应当忠于职守，依法履行清算义务，因故意或者重大过失给农民合作社成员及债权人造成损失的，应当承担赔偿责任。

(3) 清算的程序。

第一步，通知、公告合作社成员和债权人。合作社在解散清算时，由清算组通知本社成员和债权人有关情况，通知公告债权人在法定期间内申报自己的债权。为了顺利完成债权登记、债务清偿和财产分配，避免和减少纠纷，清算组应当自成立之日起10日内通知本社成员和明确知道的债权人；而对于不明确的债权人或者不知道具体地址和其他联系方式的，由于难以通知其申报债权，清算组应自成立之日起60日内在报纸上公告，催促债权人申报债权。但如果在规定的期间内全部成员、债权人均已收到通知，则免除清算组的公告义务。债权人应在规定的期间内向清算组申报债权。债权人申报债权时，应明确提出其债权内容、数额，债权成立的时间、地点，有无担保等事项，并提供相关证明材料，清算组对债权人提出的债权申报应当逐一查实，并做出准确翔实的登记。

这里需要说明的是，在债权申报期间内，清算组不能对债权人进行清偿，如果清算组在此期间对已经明确的债权人进行清偿，有可能造成后申报债权的债权人不能得到清偿，这是对其他债权人权利的严重侵害。

第二步，制订清算方案。清算组在清理合作社财产、编制资产负债表和财产清单后，应尽快制订包括清偿农民合作社员工的工资及社会保险费用，清偿所欠税款和其他各项债务，以及分配剩余财产在内的清算方案。清算组制订出清算方案后，应报成员大会通过或者人民法院确认。

第三步，实施清算方案。清算方案经农民合作社成员大会通过或者人民法院确认后实施。清算方案的实施必须在支付清算费用、清偿员工工资及社会保险费用，清偿所欠税款和其他各项债务后，再按财产分配的规定向成员分配剩余财产。如果发现合作社财产不足以清偿债务的,清算组应当停止清算工作,依法向人民法院申请破产。

第四步,清算结束办理注销登记。办理完合作社的注销登记,清算组的职权终止,清算组即行解散,不得再以合作社清算组的名义进行活动。

另外需注意,农民合作社接受国家财政直接补助形成的财产,在解散、破产清算时,不得作为可分配剩余资产分配给成员;破产财产在清偿破产费用和公益债务后,应当优先清偿破产前与农民成员已发生交易但尚未结清的款项。

二、农民合作社的治理

(一)农民合作社成员的权利和义务

1. 成员的权利

(1)参加成员大会,并享有表决权、选举权和被选举权,按照章程规定对本社实行民主管理。

(2)利用本社提供的服务和生产经营设施。

(3)按照章程规定或者成员大会决议分享盈余。

(4)查阅本社的章程、成员名册、成员大会或成员代表大会记录、理事会会议决议、监事会会议决议、财务会计报告和会计账簿。

(5)章程规定的其他权利。

2. 成员的基本表决权和附加表决权

成员大会的选举和表决,实行一人一票制,每一个成员不论是农民成员还是法人成员,均享有一票的基本表决权。

附加表决权,是指出资额或者与本社交易量较大的成员,可以享有的超出基本表决权的表决权。但是是否享有附加表决权,要看全体成员共同制定的章程中对此是否加以规定。如果规定此权利,不得超过基本表决权总票数的20%。章程还可以限制附加表决权行使的范围。

3. 成员的义务

(1) 执行成员大会、成员代表大会和理事会的决议。

(2) 按照章程规定向本社出资。

(3) 按照章程规定与本社进行交易。

(4) 按照章程规定承担亏损。

(5) 章程规定的其他义务。

(二) 农民合作社的组织机构

1. 法定组织机构

(1) 成员大会。农民合作社的成员大会由农民合作社的全体成员组成,成员大会是农民合作社的权力机构,负责就合作社的重大事项作出决议,集体行使权力。成员大会以会议的形式行使权力,而不采取常设机构或者日常办公的方式。成员参加成员大会是法律赋予所有成员的权利,也是合作社"成员地位平等,实行民主管理"原则的体现,所有成员都可以通过成员大会参与合作社事务的决策和管理。成员大会行使下列职权。

①修改章程。合作社章程的修改,需要由本社成员表决权总数的2/3以上成员通过。

②选举和罢免理事长、理事、执行监事或者监事会成员。理事会(理事长)、监事会(执行监事)分别是合作社的执行机关和监督机关,其任免权应当由成员大会行使。

③决定重大财产处置、对外投资、对外担保和生产经营中的其他重大事项。上述重大事项是否可行、是否符合合作社和大多数成员的利益,应由成员大会来作出决定。

④批准年度业务报告、盈余分配方案、亏损处理方案。年度业务报告是对合作社年度生产经营情况进行的总结,对年度业务报告

的审批结果体现了对理事会（理事长）、监事会（执行监事）一年工作的评价。盈余分配和亏损处理方案关系到所有成员获得的收益和承担的责任，成员大会有权审批，成员大会认为方案符合要求的予以批准，反之则不予批准，可以责成理事长或者理事会重新拟定有关方案。

⑤对合并、分立、解散、清算作出决议。合作社的合并、分立、解散关系合作社的存续状态，与每个成员的切身利益相关。因此，这些决议至少应当由本社成员表决权总数的2/3以上通过。

⑥决定聘用经营管理人员和专业技术人员的数量、资格和任期。农民合作社是由全体成员共同管理的组织，成员大会有权决定合作社聘用管理人员和技术人员的相关事项。

⑦听取理事长或者理事会关于成员变动情况的报告。成员变动情况关系到合作社的规模、资产和成员获得收益与分担亏损等诸多因素，成员大会有必要及时了解成员增加或者减少的变动情况。

⑧章程规定的其他职权。除上述七项职权，章程对成员大会的职权还可以结合本社的实际情况作其他规定。

（2）理事长。农民合作社作为法人进行工商登记后从事生产经营活动，必须从设立起就明确合作社的法定代表人。因此农民合作社法规定，理事长为本社的法定代表人。合作社设理事长是农民合作社法明确规定的，不管合作社的规模大小、成员多少，也不管合作社有无理事会，都要设理事长。

2. 任意组织机构

（1）成员代表大会。农民合作社存在发展规模、成员分布地域等不同情况，要求所有成员在统一的时间内集中在一起召开成员大会往往难以实现。为了保证合作社成员能够依法有效行使民主管理的权力，降低召开成员大会的成本，提高议事效率，农民合作社法规定：成员超过150人的农民合作社可以设立成员代表大会。成员总数达到这一规模的合作社可以根据自身发展的实际情况决定是否设立成员代表大会，需要设立成员代表大会的合作社应当在章程中载明相关事项并按照章程的规定设立成员代表大会。

（2）理事会。《中华人民共和国农民专业合作社法》（以下简称《农民专业合作社法》）规定，农民合作社都要设理事长，理事会可以设立，也可以不设立。

合作社规模较小，成员人数很少，没有必要设立理事会的，由一个成员信任的人作为理事长来负责合作社的经营管理工作就可以了，这样有利于精简机构，提高效率。关于合作社是否设立理事会及理事的人数等事项，农民合作社法并未作强制性规定，而由合作社章程规定。理事长、理事会由成员大会从本社成员中选举产生，对成员大会负责，其产生办法、职权、任期、议事规则由章程规定。

（3）监事会或执行监事。执行监事或者监事会是农民合作社的监督机关，对合作社的财务和业务执行情况进行监督。执行监事是指仅由一人组成的监督机关，监事会是指由多人组成的团体担任的监督机关。

农民合作社可以设执行监事或者监事会。农民合作社的监督是由全体成员进行的监督，强调的是成员的直接监督。由此，农民合作社法规定，执行监事或者监事会不是农民合作社的必设机构。如果成员大会认为需要提高效率，可以根据实际情况选择设执行监事或者监事会。是否设执行监事或监事会由合作社在章程中规定。一般来讲，合作社设执行监事的，不再设监事会。

（4）经理。农民合作社法规定，农民合作社的理事长或者理事会可以按照成员大会的决定聘任经理。经理应当按照章程规定和理事长或者理事会授权，负责农民合作社的具体生产经营活动。因此经理是合作社的雇员，在理事会（理事长）的领导下工作，对理事会（理事长）负责。经理由理事会（理事长）决定聘任，也由其决定解聘。

农民合作社的理事长或者理事可以兼任经理。理事长或者理事兼任经理的，也应当按照章程规定和理事长或者理事会授权履行经理的职责，负责农民合作社的具体生产经营活动。

总之，经理不是农民合作社的法定机构，合作社可以聘任经理，也可以不聘任经理；经理可以由本社成员担任，也可以从外面聘请。是否需要聘任经理，由合作社根据自身的经营规模和具体情况而定。聘任经理或者由理事长、理事兼任经理的，由经理按照章程规定和理事长或者理事会授权，负责农民合作社的具体生产经营活动；否则，由理事长或者理事会直接管理农民合作社的具体生产经营活动。

(三) 农民合作社的章程

农民合作社的章程由全体设立人制定，所有加入该合作社的成员都必须承认并遵守。章程应当采用书面形式，全体设立人在章程上签名、盖章。农民合作社的章程是农民合作社自治特征的重要体现，因此，对于农民合作社的重要事项，都应当由成员协商后规定在章程之中。

修改章程要经成员大会作出修改章程的决议，并应当依照农民合作社法的规定，由本社成员表决权总数的 2/3 以上通过。章程也可以对修改章程的程序和表决权数作出更严格的规定，这也是为了保证章程的相对稳定。

农民合作社章程应当载明下列事项。

(1) 名称和住所。

(2) 业务范围。

(3) 成员资格及入社、退社和除名。

(4) 成员的权利和义务。

(5) 组织机构及其产生办法、职权、任期、议事规则。

(6) 成员的出资方式、出资额。

(7) 财务管理和盈余分配、亏损处理。

(8) 章程修改程序。

(9) 解散事由和清算办法。

(10) 公告事项及发布方式。
(11) 需要规定的其他事项。

三、农民合作社的财产制度

(一) 农民合作社的财产权利

1. 合作社的财产权利

农民合作社法规定，合作社对成员出资、公积金、国家财政补助和社会捐赠形成的财产，享有占有、使用和处分的权利。该规定实质上是明确了合作社对上述财产的独立支配的权利，而不苛求拥有对这些财产的所有权。农民合作社以上述财产对债务承担责任，是合作社行使财产处分权利的重要形式。

2. 成员的财产权利

在农民合作社中，成员的财产权利表现在以下方面。

(1) 成员向合作社的出资在本质上是将其个人拥有的财产授权于合作社支配，在合作社存续期间，其作为合作社成员与其他成员以共同控制的方式行使对所有成员出资的支配。

(2) 合作社应当为每一个成员设立成员账户，用以记载成员出资、公积金份额和交易量（额），作为成员参加盈余分配的重要依据，同时也说明了成员对其出资和享有的公积金份额拥有终极所有权。《农民合作社法》规定，成员资格终止的，农民合作社应当按照章程规定的方式和期限，退还记载在该成员账户内的出资额和公积金份额；对成员资格终止前的可分配盈余，依照该法第三十七条第二款的规定向其返还。同时，明确规定资格终止的成员应当按照章程规定分摊资格终止前本社的亏损及债务。

(二) 农民合作社的成员账户制度

成员账户是指农民合作社在进行某些会计核算时，要为每位成员设立明细科目分别核算。根据农民合作社法的规定，成员账户主要包括3项内容：一是记录成员出资情况，二是记录成员与合作社交易情况，三是记录成员的公积金变化情况。这些单独记录的会计资料是确定成员参与合作社盈余分配、财产分配的重要依据。

(三) 农民合作社的盈余分配制度

合作社盈余的分配，主要应根据交易量（额）的比例进行返还，按交易量（额）比例返还的盈余不得低于可分配盈余的60%。例如农产品销售合作社，如果成员都不通过合作社销售农产品，合作社就收购不到农产品，也就无法运转。对于农业生产资料合作社，如果成员不通过合作社购买生产资料，合作社也就失去了存在的必要。因此，成员享受合作社服务的量（即与合作社的交易量）就是衡量成员对合作社贡献的最重要依据。成员与合作社的交易量也就是产生合作社盈余的最重要来源（当然，成员出资也扮演了重要角色）。

按交易量（额）的比例返还是盈余返还的主要方式，但不是唯一途径。根据农民合作社法的规定，合作社可以根据自身情况，按照成员账户中记载的出资和公积金份额，以及本社接受国家财政直接补助和他人捐赠形成的财产平均量化到成员的份额，按比例分配部分利润。

在现实中，一个合作社中成员出资不同的情况大量存在。在我国农村资金比较缺乏，合作社资金实力较弱的情况下，必须足够重视成员出资在合作社运作和获得盈余中的作用。适当按照出资进行盈余分配，可以使出资多的成员获得较多的盈余，从而实现鼓励成员出资、壮大合作社资金实力的目的。此外，成员账户中记载的公积金份额、本社接受国家财政直接补助和他人捐赠形成的财产平均量化到成员的份额，也都应当作为盈余分配时考虑的依据。这是因为，补助和捐赠的财产是以合作社为对象的，而由此产生的财产则应当归全体成员所有，并可以作为盈余分配考虑的依据。

(四) 农民合作社的财务管理制度

农民合作社的财务制度合理健全与否直接关系到合作社能否健康有序运行，同时关系到成员的切身利益。农民合作社法主要从以下5个方面进行了规定。

(1) 农民合作社应当按照国务院财政部门制定的财务会计制度进行会计核算。

(2) 农民合作社实行财务公开制度，理事长或者理事会应当按照章程规定，组织编制年度业务报告、盈余分配方案、亏损处理方案以及财务会计报告，以供成员查阅。

(3) 实施成员账户制度，为每一个合作社的成员建立账户，明确记载该成员的出资、公积金以及与其所在合作社的交易量（额），以保护每一个成员的财产权。

(4) 对于农民合作社与其成员和非成员之间的交易实行分别核算制度。这一方面体现了农民合作社区别于其他经济组织的本质特征，另一方面也保证了国家扶持政策的有效落实。

(5) 合作社应当设立不可分割的公共积累，以满足合作社发展的资金需求。同时对农民合作社的公积金制度也做了比较灵活的处理：一是是否提取公积金由合作社自己决定，即不设置法定公积金制度；二是提取的公积金应当量化到每一个成员，记载在成员账户中，并作为成员参与盈余分配的依据，以保护成员的财产权利；三是成员退社时，可以按照成员账户中的记载，带走其出资和相应的公积金。

第三节　农民合作社的发展现状

一、综合性农协

(一) 组织体系构建

以供销社、信用社和专业合作社为依托，融入其他为农服务的组织资源，包括加工企业和技术服务组织等，构建综合性农协组织体系。农协应根据区域农业的发展特点及农村实际需要，按照扩大规模、减少组织层次的原则，设立多层级组织体系，可以以行政区域设置，也可以跨区域设置。综合性农协设有金融、购销、加工、互助、技术和信息5个服务平台，各个服务平台灵活运用合作制、股份合作制或股份制原则，构建利益协调机制和产权联结机制。

(二) 农协定位

农协是综合性的服务组织，设有5个服务平台，各个平台之间分工负责、密切协作，共同承担起为农户和农村社区服务的任务，做到农民需要什么服务，就提供什么服务。

农协是政府与专业合作社和其他服务组织之间的桥梁和纽带，它具有行业协会的性质，赋予农协相应的职能，这些职能可以包括参与农产品产品质量监督和政策制定，协调农产品生产、销售、加工环节的利益分配关系，组织与其他产业化组织开展战略合作等。

二、农民合作社联合组织体系构建

(一) 组织体系构建

农民合作社联合组织体系，应以农业主导产品或产业为基础，设计多个组织体系，每个组织体系根据产品和服务的特点，设计成区域性、省级或全国性农民合作社联合组织体系，上一级农民合作社联合社为下一级农民合作社联合社及农民合作社提供专业方面的服务。

(二) 农民合作社联合组织体系定位

农民合作社联合社是一个专业性质的服务组织，围绕某一产品或同类产品开展技术、信息、指导、加工、储藏等方面的服务，可设有信息、技术、加工、储藏、展销服务平台,共同承担起为专一产品或同类产品专业合作社提供相应服务的职责,单一合作社无法完成或者较难完成的任务,由农民合作社联合会提供解决方案和组织支持。

农民合作社联合组织体系与综合性农协是相互补充、分工协作的关系,在纵向联合的基础上,与综合性农协相互协作和对接。农民合作社联合组织体系负责单一产品或同类产品的技术、信息、指导、加工、储藏等服务,共同解决某一产品的加工和储藏问题、专业技术和信息服务,为农民合作社提供指导和咨询服务。综合性农协主要解决农民所面临的共性服务内容,包括金融、社区生活、加工、生产资料等方面服务,而且综合性农协的加工服务是深层次的加工服务。

第四节 农民合作社的政策补贴

一、产业政策倾斜

《农民专业合作社法》第四十九条规定,国家支持发展农业和农村经济的建设项目,可以委托和安排有条件的有关农民专业合作社实施。只要适合农民专业合作社承担的涉农项目,都应将农民专业合作社纳入申报范围,明确申报条件。

(一)申报条件

农民专业合作社承担相关涉农项目应具备以下条件。

(1)经工商行政管理部门依法登记并取得农民专业合作社法人营业执照。

(2)有符合法律、法规规定的组织机构、章程和财务管理等制度。

(3)经营状况和信用记录良好。

(4) 符合有关涉农项目管理办法（指南）规定的各项条件。

（二）申报程序

符合条件的农民专业合作社可以按照政府有关部门项目指南的要求，向项目主管部门提出承担项目申请，经项目主管部门批准后实施。

（三）申报优势

(1) 合作社重点享受国家政策倾斜。国家各项惠农政策的扶持主体正逐渐从农业企业向农民专业合作社倾斜。

(2) 合作社拥有"对话政府"的权利。合作社项目申报间接拥有着与政府直接对话的权利。因为合作社直接代表农民群体，与政府的关系是指导、扶持和服务的关系，不是领导与被领导的关系。合作社主管部门以项目申报标准和要求指导合作社规范化、规模化发展，合作社通过项目申报向政府反映生产经营状况、社员合作关系、农民的基本诉求。

(3) 合作社项目申报门槛低，机会大。合作社相比公司申报项目，成功机会更大。国家各项惠农政策不断往农民专业合作社倾斜，扶持项目逐年增加，扶持资金逐年增长，合作社受益范围随之扩大。

(4) 申报材料简易，编撰难度低。相关部门充分考虑合作社的特殊情况，最大限度地简化了合作社申报项目的材料要求。

二、财政扶持政策

（一）优先获得农机购置补贴

国家明确规定农民专业合作社购买农机具优先给予补贴。

（二）提高省储粮交售奖励标准

在省储粮交售奖励上，我国部分地区也重点扶持农民专业合作社，奖励标准比一般农户要高。

(三) 发放"农机作业券"

有的地区以"农机作业券"形式支持农民专业合作社。如浙江省衢州市规定,对本区域应用水稻机械化插秧、油菜机械化收获作业的农户,给予每亩40元的补贴;对接受具有一定规模(服务面积达到500亩)以上的植保、粮食、农机等合作社病虫害统一防治的农户,给予每亩40元的补贴。上述补贴以"农机作业券"的形式发放,其中浙江省财政负担60%,市县负担40%。

(四) 专项经费扶持

部分地区还对合作社加强自身建设提供经费支持。如重庆市涪陵区先后启动区级农民专业合作社示范补助项目和品牌建设奖励项目,对每个示范社给予5万元的财政补助,对通过无公害农产品、绿色食品、有机食品质量认证的合作社分别给予3万元、5万元和10万元的奖励。

(五) 为合作社提供更优的服务

地方政府为合作社提供更多的技术服务和生产资料支持。如江西省樟树市通过零距离办证、上门技术服务、免费测土施肥等服务,使合作社享受到优于一般农户的服务和支持,同时当地农业局还免费向合作社提供良种,并经常向合作社赠送肥料等生产资料。

三、金融扶持政策

《农民专业合作社法》第五十一条规定,国家政策性金融机构和商业性金融机构应当采取多种形式,为农民专业合作社提供金融服务。

四、税收优惠政策

根据《财政部国家税务总局关于农民专业合作社有关税收政策的通知》规定,对农民专业合作社的税收政策可按下列情况办理。

（1）对农民专业合作社销售本社成员生产的农业产品，视同农业生产者销售自产农业产品免征增值税。

（2）增值税一般纳税人从农民专业合作社购进的免税农产品，可按13%的扣除率计算抵扣增值税进项税额。

（3）对农民专业合作社向本社成员销售的农膜、种子、种苗、化肥、农药、农机、免征增值税。

（4）对农民专业合作社与本社成员签订的农业产品和农业生产资料购销合同，免征印花税。国家和地方每年都要设置一定的财政专项资金，用于支持农业产业化发展，其中就有对农业企业尤其是龙头企业扶持的资金。财政专项资金的使用主要体现在对农业企业的项目扶持上。

（一）农业综合开发产业化经营项目

其主要有经济林及设施农业种植、畜牧水产养殖等种植养殖基地项目，农产品加工项目，储藏保鲜、产地批发市场等流通设施项目。规定在工商部门注册1年以上、具备可持续经营能力的龙头企业，均可申报产业化经营项目。单个财政补助项目的财政资金申请额度不高于自筹资金额度，单个贷款贴息项目的贷款额度一般不高于1亿元人民币。申请额度下限由各省根据实际情况自行确定。

（二）菜果茶标准化创建项目

2018年继续开展园艺作物标准园创建，在蔬菜、水果、茶叶专业村实施集中连片推进，实现由"园"到"区"的拓展。在资金安排上，加大对种植大户、专业化合作社和龙头企业发展标准化生产的支持力度，推进蔬菜生产的标准化、规模化、产业化。

（三）畜牧标准化规模养殖项目

2014年，中央财政共投入资金38亿元支持发展畜禽标准化规模养殖。其中，中央财政安排25亿元支持生猪标准化规模养殖小区（场）建设，安排10亿元支持奶牛标准化规模养殖小区（场）建设，安排3亿元支持内蒙古、四川、西藏、甘肃、青海、宁夏、新疆以及新疆生产建设兵团肉牛肉羊标准化规模养殖场（小区）建设。支持资金主要用于养殖场（小区）水电路改造、粪污处理、防疫、挤奶、质量检测等配套设施建设等。2018年国家继续支持奶牛、肉牛和肉羊的标准化规模养殖。

（四）动物防疫补贴

对农业企业而言，一是重大动物疫病强制免疫疫苗补助，国家对高致病性禽流感、口蹄疫、高致病性猪蓝耳病、猪瘟、小反刍兽疫等动物疫病实行强制免疫政策；强制免疫疫苗由省级政府组织招标采购；疫苗经费由中央财政和地方财政共同按比例分担，养殖场不用支付强制免疫疫苗费用。二是畜禽疫病扑杀补助，国家对高致病性禽流感、口蹄疫、高致病性猪蓝耳病、小反刍兽疫发病动物及同群动物和布鲁氏菌病、结核病阳性奶牛强制扑杀给养殖者造成的损失予以补助，补助经费由中央财政、地方财政和养殖场按比例承担。三是养殖环节病死猪无害化处理补助，国家对年出栏生猪50头以上，对养殖环节病死猪进行无害化处理的生猪规模化养殖场（小区），给予每头80元的无害化处理费用补助，补助经费由中央和地方财政共同承担。四是生猪定点屠宰环节病害猪无害化处理补贴。国家对屠宰环节病害猪损失和无害化处理费用予以补贴，病害猪损失财政补贴标准为每头800元，无害化处理费用财政补贴标准为每头80元，补助经费由中央和地方财政共同承担。

（五）"双百"市场工程

商务部启动了"双百"市场工程，支持100家大型农产品批发市场和100家大型农产品流通企业，建设或改造配送中心、仓储、质量安全、检验检测、废弃物处理及冷链系统等。政策支持方向是重点支持农产品批发市场进行冷链、质量安全可追溯、安全监控、废弃物处理等准公益性设施以及交易厅棚、仓储物流、加工配送、分拣包装等经营性设施建设和改造;支持农贸市场进行交易厅棚、冷藏保鲜、卫生、安全、服务等设施建设和改造。

(六) 农产品现代流通综合试点

此项目扶持方向是支持农产品批发市场改造升级,完善功能;支持农贸市场提挡升级;支持大型连锁超市与从事鲜活农产品生产的农民专业合作社或农业产业化龙头企业开展农超对接;支持探索和创新农产品流通模式。试点地区包括江苏、浙江、安徽、江西、河南、湖南、四川、陕西等省。

第五节 农民合作社的管理机制和经营机制创新

一、合作社组织管理机制建设

(一) 建立健全积累机制

法律规定对成员出资额没有下限,加上出资方式多样,且不需要验资,带来成员出资额少且实际到位率低的问题。重利润共享、轻风险共担,极大影响了合作社法人财产权的壮大,不利于增强扩大再生产能力和提高对外交往的信用水平。合作社要充分运用章程,对成员出资额做出明确规定,尽量提高成员出资水平,保证出资额到位;正确处理分配和积累的关系,建立健全合作社分配积累机制;完善公积公益金、风险基金提取和利润留成制度,建立健全合作社法人财产的科学增长机制,切实提高扩大再生产能力;加强合作社资产清查管理,建立健全资产登记簿制度,加大资产管护力度,防止因管理不严导致资产损耗损毁、流失或被侵占;加强合作社经营管理人才的引进和积累,充分运用省政府对大学毕业生从事现代农业的补助政策,引进大学毕业生到合作社工作,着力提升合作社经营管理水平。

（二）建立健全决策机制

法律规定合作社的权力机构是全体成员大会，成员150人以上的方可设立成员代表大会，成员大会决策成本高、效率低，难以有效抓住发展机遇。为提高合作社决策效率，需要健全以章程为依据、以理事会为中心的"代议制"决策机制。即通过章程，依法明确理事会、经理层、成员代表大会、成员大会分级决策的内容事项、相关程序和方式方法。在决策程序上，对紧急而重大的决策可由理事会提请、成员入户审议（代表）签字（可以签同意、不同意或弃权）的方式进行；在决策方式上，可以采取公告无异议的方式，降低讨论和集中开会的成本。加强章程的宣传，使章程规定的决策制度成为全体成员遵循的规则，成为理事会代表大多数成员意志行使权力的依据，在合作社内部形成相对集中又体现民主的决策机制，使理事会成为合作社的经营中心和利润中心。

（三）建立健全组织结构

法律对合作社组织结构建设缺少具体规定，实践中不少合作社实行理事会直管制，不利于扩大规模及提高管理效率。为此，要根据合作社业务发展和规模扩大实际，推进合作社组织管理结构再造，改变理事会"眉毛胡子"一把抓，忙于琐事、疏于管理的状况，因社而异采取直线制、直线职能或事业部制的组织结构设计。直线制，就是将众多成员进行分层管理，根据地域等划分，设立分社或小组，形成合作社—分社—小组的管理结构，理事会将任务分配到分社，由分社组织开展生产和服务，分社再将相关任务分配到小组，由小组成员实施生产服务。直线职能制，就是在直线制基础上，根据合作社的不同任务和服务内容，在理事会下设办公室、财务部、营销部、技术服务部、物资采购部等职能部门，将理事会部分职能授权于这些部门，分社和职能部门统一对理事会负责，职能部门可以对分社进行业务指导。事业部制，适合地域广、生产相对独立、产业链相对较长的合作社,实行分级管理、分级核算、自负盈亏,合作社总部保留人事决策、预算控制和监督权,并通过利润、产品调配等对事业部进行控制。

(四)建立健全激励机制

着力在合作社内部构建管理者和生产者"同呼吸共命运"的利益共同体,更好地发挥内部利益相关者的主动性、积极性和创造性。对管理者,鼓励倡导其依法入大股,或者在总生产服务中占有较高比例,使生产服务性收入成为管理者的主要收入,确保其为合作社出大力;实行薪酬制,根据管理者工作量(或误工量)大小和生产经营目标任务完成情况,采取固定补贴、基本工资加奖金、实误实记等方式给付薪酬;实行承包制或经济责任制,防止管理者干好干坏一个样、吃大锅饭。例如浙江桐庐钟山蜜梨专业合作社根据成员生产成本加适当利润,确定一个"出社价",市场销售超出"出社价"部分按一定比例归营销者所有,有力提高了营销管理人员的积极性。对生产者,合作社要多为成员服务,包括生产服务和非直接生产服务,平时多走访、多调研成员,对困难成员多提供帮助,适当组织相关文体活动,提高成员的关注度和自豪感;经常性开展先进评比活动,对应用先进技术好、节本增效好、生产水平高的及时给予表彰;在成员中实行成本核算制,尤其是实行免费提供种子种苗和相关农资的合作社,鼓励成员加强生产管理、节约农资、提高生产效率。

(五)建立健全约束机制

主要是加强对成员生产和管理者经营行为的约束。对管理者,要全面建立岗位责任制,将章程规定的理事长、理事会成员、具体管理者的职权和责任进一步细化,防止管理者不作为;强化理事会向成员(代表)大会定期报告制度,接受成员的审议和监督,防止管理者乱作为;健全合作社财务清理和审计制度,提高财务运行规范化水平，防止管理者不作为或乱作为导致合作社资产流失。对成员，改变目前权利与义务不对称的客观实际，健全完善入社和退社机制，明确入退社条件和程序，强化成员遵章守纪管理，对于违反生产管理规定的成员，及时给予批评教育、通报和警告并承担相应责任，对屡教不改或给合作社的声誉或生产经营造成重大损失的成员，劝其退社或开除成员资格，从而维护合作社的正常生产经营秩序和声誉。

二、合作社经营机制的创新

（一）从劳动要素、土地要素、资本要素集聚入手，创新规模化经营机制

（1）创新成员发展机制，提升生产者成员规模。成员的联合是合作社的天然属性，农民成员越多，合作社的存在价值越高、社会影响力也越大，尽可能吸收农民入社是发展合作社的基本要求。要以普通纯农户为基础，专业大户为重点，积极发动和吸收周边同类或相似产品生产经营服务者入社，壮大生产者成员队伍。为确保新吸收成员的素质和对参加合作社的适应性，准确把握和运用"入社自愿"原则，在章程中创设符合合作社生产经营实际的入社基本条件和程序。

（2）创新土地集聚机制，提升土地经营规模。"土地是财富之母"，没有一定的土地经营规模，发展壮大就缺少基础。要积极运用土地流转手段，加快创建和扩建核心基地，着力打造合作社的"根据地"。并以"根据地"为核心，以成员自主经营土地为紧密联结基地，以非成员经营土地为辐射带动基地，努力形成多层次的规模经营。

（3）创新资本集聚机制，提升合作社资产规模。资产规模是衡量合作社实力和信用的重要标准，也是合作社发展壮大的重要基础。倡导和鼓励全体成员多出资，增强成员对合作社的归属感，支持骨干成员在法定范围内入大股,使骨干人员成为合作社的精英力量和主要管理者,激发其出大力,扩大成员出资的规模。搞活信贷融资机制,充分运用金融机构支农政策,通过授信贷款、订单质押贷款、流转后土地承包经营权抵押贷款等途径进行融资,扩大合作社信贷资产规模。

(二) 从产前服务、产中服务、产后服务提升入手,创新一条龙服务机制

(1) 创新产前服务机制,服务成员生产准备。主要从成员需求较强烈的农资采购供应、土地租赁流转、资金周转服务等3个方面抓好服务。加强农资采购合作,灵活采取团购、自营等方式,提高农药、化肥、饲料、种子、种苗等农资统一供应水平,确保能便捷及时配送到成员和农户手中;加强对成员流转土地的服务,鼓励和协助成员扩大生产规模,并同步统筹安排全体成员的生产经营布局;加强成员信用合作,倡导合作社和成员共同出资设立互助专项资金,运用成员联名担保等方式向成员发放短期周转资金,提高成员正常开展生产经营活动的能力。推动合作社在内部全新打造"供销合作、作业合作、信用合作"三位一体服务体系。

(2) 创新产中服务机制,服务成员生产作业。主要从成员和农户生产各作业环节的细分服务入手,抓好全程专业服务。根据合作社产品的生产环节构成情况,因社制宜发展育种育苗、机耕播种、土肥植保、疫病防控、排灌、机收烘干等服务内容,灵活采取全程式或菜单式服务方式,着力形成一站式、一条龙的服务机制,通过服务提升成员生产的组织化、协同化发展。结合产品生产的技术特点和相关新品种、新技术推广的需要,积极借助科研院所、农技推广部门、合作社专业技术人员等力量,加强对成员的技能培训和指导服务,确保其生产过程达到技术标准要求。结合实际探索发展自主、外包、定点等不同方式的农机具维修服务。

(3) 创新产后服务机制,服务成员收益实现。主要以服务成员生产劳动价值实现为目的，建立健全收购销售及相关配套机制。采取定点收购、上门收购或相互结合的方式，加强统一收购服务，确保产品在成员手上不积压、不变质，在成员交售产品或市场销售实现后及时兑现收购资金。综合运用订单合同、市场直销、门店展销、"农超对接"、网络营销等渠道，着力拓展和形成多层次、宽领域、全方位的产品销售渠道；根据产品定位和利润空间大小，进行市场细分和分级销售，有选择、有重点、有结合地开发低端或中高端客户，着力开辟经销商欢迎、消费者追捧、适销对路的细分市场。

（三）从组织规范、生产规范、管理规范提升入手，创新规范化运行机制

（1）推进组织规范化，彰显合作制属性。合作社是劳动联合基础上以产品交售和服务利用为中心的市场主体。合作社要在依法设立和运作基础上，针对成员联结松散，有"合作之名"、少或无"合作之实"的现象，着重创新和改进成员对合作社的产品交售和服务使用机制，提高成员产品统一交售率，提高成员对合作社提供服务的使用率，增强合作社与成员之间生产经营行为和利益联结紧密度，彰显合作之实。

（2）推进生产规范化，顺应标准化潮流。标准化是实现产品质量可控、可追溯和生产方式可重复、可推广的必然选择。建立健全覆盖生产作业各环节、全过程的操作规程和衡量标准，推行"环境有监测、操作有规程、生产有记录、产品有检验、包装有标识、质量可追溯"的全程标准化生产。已有国家或地方标准的，要严格按照标准组织开展生产，尚无相关标准的，要积极主动创设标准，获取制标优势引领本产业本行业率先发展。

（3）推进管理规范化，确保制度化发展。在发挥合作社能人、精英和骨干的带领作用的同时，转变"制度是死的、人是活的""没有制度、照样能搞好管理"的错误思想，树立和强化用制度管

人、管事、管权的意识，推动民主管理制度、财务管理制度、日常经营管理制度等的建立健全和实施落实，提高合作社制度化管理水平。推动合作社社务公开，创新公开方法和形式，重点公开财政扶持项目资金使用、合作社工程项目建设、财务收支、成员交易额等情况，提高合作社公信力。

第七章 农业产业化龙头企业

第一节 农业产业化及农业产业化龙头企业概述

一、农业产业化的含义

农业产业化,是指在市场经济条件下,以经济利益为目标,将农产品生产、加工和销售等不同环境的主体联结起来,实行农工商、产供销的一体化、专业化、规模化、商品化经营。农业产业化促进传统农业向现代农业转变,能够解决当前一系列农业经营和农村经济深层次的问题和矛盾。

二、农业产业化龙头企业的含义

农业产业化龙头企业,是指以农产品生产、加工或流通为主,通过订单合同、合作方式等各种利益联结机制与农户相互联系,带动农户进入市场,实现产供销、贸工农一体化,使农产品生产、加工、销售有机结合、相互促进,具有开拓市场、促进农民增收、带动相关产业等作用,在规模和经营指标方面达到规定标准并经过政府有关部门认定的企业。

三、农业产业化龙头企业的优势

农业产业化龙头企业弥补了农户分散经营的劣势,将农户分散经营与社会化大市场有效对接,利用企业优势进行农产品加工和市场营销,增加了农产品的附加值,弥补了农户生产规模小、竞争力有限的不足,延长了农业产业链条,改变了农产品直接进入市场、农产品附加值较低的局面。还将技术服务、市场信息和销售渠道带给农户，提高了农产品精深加工水平和科技含量，提高了农产品市场开拓能力，减小了经营风险，提供了生产销售的通畅渠道，通过解决农产品销售问题刺激了种植业和养殖业的发展，提升了农产品竞争力。

农业产业化龙头企业能够适应复杂多变的市场环境，具有较为雄厚的资金、技术和人才优势。龙头企业改变了传统农业生产自给自足的落后局面，用工业发展理念经营农业，加强了专业分工和市场意识，为农户农业生产的各个环节提供一条龙服务，为农户提供生产技术、金融服务、人才培训、农资服务、品牌宣传等生产性服务，实现了企业与农户之间的利益联结，能够显著提高农业的经济效益，促进农业可持续发展。

农业产业化龙头企业的发展有利于促进农民增收。一方面，龙头企业通过收购农产品直接带动农民增收，企业与农户建立契约关系，成为利益共同体，向农民提供必要的生产技术指导，提高农业生产的标准化水平，促进农产品质量和产量的提升，保证了农民的生产销售收入，同时也增强了我国农产品的国际竞争力，创造了更多的市场需求。农户还可以以资金等多种要素的形式入股农业产业化龙头企业，获得企业分红，鼓励团队合作，促进农户之间的相互监督和良性竞争。另一方面，农业产业化龙头企业的发展创造了大量的劳动就业岗位，释放了农村劳动力，解决了部分农村劳动力的就业问题。

农业产业化龙头企业的发展提高了农业产业化水平，促进了农产品产供销一体化经营，通过技术创新和农产品深加工，提高资源的利用效率，提高了农产品质量，解决了农产品难卖的问题。改造了传统农业，促进大产业、大基地和大市场的形成，形成从资源开发到高附加值的良性循环，提升了农业产业竞争力，起到了农产品结构调整的示范作用和市场开发的辐射作用，带动农户走向农业现代化。

农业产业化龙头企业是农村的有机组成部分,具有一定的社会责任。龙头企业参与农村村庄规划,配合农村建设,合理规划生产区、技术示范区、生活区、公共设施等区域,并且制定必要的环保标准,推广节能环保设施的建设。龙头企业培养企业的核心竞争力,增强抗风险能力,在形成完全的公司化管理后,还可以将农民纳入社会保障体系,维护了农村社会的稳定发展。

第二节 农业产业化龙头企业的发展背景及发展现状

一、农业产业化龙头企业的发展背景

随着经济全球化的发展,劳动分工的深化和跨国公司的兴起,经济资源在全球范围内流动和配置。我国与其他国家的贸易往来更加密切,经济的全球一体化,我国农产品关税逐渐降低,为农业产业化龙头企业的发展带来机遇,也带来严峻挑战。

农业产业化龙头企业可以通过引进外资、技术和管理经验提高自身生产经营管理能力。国外农产品进入我国市场也对我国农产品生产起到了示范作用。市场环境促使我国农产品加工程度深化,农产品档次提高。我国农业企业可以借鉴先进经验,发挥后发优势,跟随策略、瞄准目标,提高自身实力,通过规范运作、科学管理、加强创新,发展成为效益优良的现代农业产业化龙头企业。

国外农产品涌入中国市场,给我国农业产业化龙头企业带来更加激烈的市场竞争。其他国家在降低我国农产品关税的同时,也提高了非关税壁垒和检疫检验的要求。由于发达国家的技术法规和标准普遍高于发展中国家,因此,我国农业产业化龙头企业在拓展国际市场时,可能会遭遇更多困难和压力。一方面要面对发达国家要求的技术法规和标准,另一方面要通过结构性和技术性调整适应这

种严格标准，这会增加企业的经济负担和成本。就我国目前农业企业的现状来看，规模还都较小，技术含量不高，市场意识和品牌意识较差，在国际竞争中处于劣势地位。要适应全球化的发展就要注重生产技术和创新能力的提高，这样才能打破发达国家的关税壁垒，在国际市场上占有一席之地。

知识经济的兴起，也对我国农业产业化龙头企业的发展产生了影响。知识经济时代下，网络技术充分应用，信息交流的方式有所改变，信息传播速度大幅加快，对企业的生产经营模式产生很大影响。企业发展需要不断加强管理创新，保持组织灵活性以适应日新月异的外部环境。在企业内部要建立通畅的信息交流网络，实现内部信息共享和交流；也要通过现代网络技术构建与外部的交流平台，以及时了解客户需求和市场信息，并及时按照需求变化调整生产经营计划，逐步实现线上交易，节约交易成本。我国的农业企业在此背景下，要面临激烈的技术竞争，也要实现传统产业的升级。尤其是农业产业化龙头企业作为传统农业改造升级的中坚力量，要承担提高农业产出水平和收益水平并维护经济发展和社会稳定的重要职责，龙头企业要积极引进先进科学技术，提高技术水平，加强创新能力，实现持续革新，保持永久活力。同时也要树立品牌意识和危机意识，摆脱对国外先进技术的依附，在市场竞争中争取主动。

我国目前处于快速发展和经济转轨阶段，城市化水平不断提高，对农业产业化龙头企业的发展和定位提出新的要求。人民收入水平不断提高，对健康和安全的关注度增强，对农产品的消费逐步由数量型向质量型转变，对有机食品、无公害食品和绿色食品需求增加，对方便、营养、卫生的标准要求提高，对亲近自然、休闲农业的关注度增强。农业产业化龙头企业要适应这些市场需求的变化，在提高农产品质量、创新产品品种的同时，还要注意满足消费者的个性化需求，并以此为契机争取创新资源，在市场导向的前提下提升战略管理水平，提高盈利能力。

二、农业产业化龙头企业的发展历程和政策演进

农业产业化龙头企业既具有企业的本质，又具有自己的典型特征。一般地讲，龙头企业主要是指从事农业生产资料供应、农产品加工或流通为主的涉农工商企业。牛若峰教授特别强调龙头企业对农户的带动作用，他写道："龙头企业之所以被称作龙头，是因为它们在发展农业产加销一体化经营系统中处于中枢地位，起着组织、引导、带动作用，至关重要的是应当得到加盟农户的认可，得到市场的认识。"理论界和政府部门对龙头企业的认识也比较统一，一般是指在农业产业化经营系统中，依托一种或者几种农产品的生产、加工、销售，一头连接农户，并与农户建立"风险共担、利益共享"的利益机制，另一头连接国内外市场，具有带动农产品生产、深化加工、开拓市场、延长链条、增加农产品附加值等综合功能的农产品加工或流通企业。

农业产业化和龙头企业发端于20世纪80年代中后期，至今已近30年的历程。在这一过程中，农业产业化和龙头企业的发展及政策环境也不断变化，总的来看，大致有四个阶段。

第一阶段为20世纪80年代中期至90年代初期，可以称为自发探索阶段。80年代中期，经济发展较快的东部地区和大城市郊区出现了"贸工农一体化""产加销一条龙"的新的经营方式。最常见的做法是，企业根据市场需求，与农户签订合同，建立农副产品生产基地，提供配套服务，扶持生产，培植货源，组织加工，并把产品销往国内外；农户则按合同要求进行生产，并按时定量地将产品交售给龙头企业。这一时期是农业产业化的初创时期，政府对采取产业化经营的龙头企业还没有相应的政策，当然也没有什么干预，龙头企业处于自发的发展状态。从宏观上来看，国家很多方面的改革还处于破冰期，存在着诸多的区域界限、部门界限、行业隶属界限，龙头企业在很多领域都是摸索前行。从区域分布看，采取产业

化经营方式的龙头企业多集中于东部沿海地区和大城市郊区,从行业分布看主要存在于畜禽养殖、加工行业。这一时期,龙头企业还是得到了较快的发展,据农业部统计,1992年在畜牧业系统,采取产业化经营方式的龙头企业就有2 000多家。

第二阶段为20世纪90年代中后期的理论构建和政策推动阶段。1995年3月,《农民日报》发表了《产业化是农村改革与发展的方向》一文,并提出了"产业化是农村改革与发展的方向""产业化是农村改革自家庭联产承包责任制以来又一次飞跃。"同年12月11日,《人民日报》在报道山东潍坊经验的同时,配发了"论农业产业化"的社论。至此,农业产业化的思想在全国广泛传播,引起广大实际工作者和理论界的广泛关注,并得到中央决策者和农业部的充分肯定。1996年,农业部成立了农业产业化领导小组,负责指导、推动全国农业产业化的发展。1997年9月,党的十五大报告提出:"积极发展农业产业化经营,形成生产、加工、销售有机结合和相互促进的机制,推进农业向商品化、专业化、现代化转变。"1998年10月,党的十五届三中全会决定,用较大篇幅对农业产业化作出了充分肯定,指出:"农村出现的产业化经营,不受部门、地区和所有制的限制,把农产品的生产、加工、销售等环节连成一体,形成有机结合、相互促进的组织形式和经营机制。这样做,不动摇家庭经营的基础,不侵犯农民的财产权益,能够有效解决千家万户的农民进入市场、运用现代科技和扩大经营规模等问题,提高农业经济效益和市场化程度,是我国农业逐步走向现代化的现实途径之一。"决定还提出,发展农业产业化经营,关键是培育具有市场开拓能力、能进行农产品深度加工、为农民提供服务和带动农户发展商品生产的"龙头企业"。要引导"龙头企业"同农民形成合理的利益关系,让农民得到实惠,实现共同发展。

为推进农业产业化发展,20世纪90年代末,成立了由农业部牵头,国家发改委、财政部、商务部、中国人民银行、国家税务总局、中国证监会、全国供销总社组成的全国农业产业化联席会议,建立了齐抓共管的工作协调机制。这个时期,农业产业化经营进入了有规可循的阶段,从基层自发发展逐步上升为国家各项政策和规定,并形成了"公司+农户""公司+合作社+农户"等较为典型的订单农业发展模式。

这一时期,受市场需求和政策激励的双重影响,产业化经营蓬勃发展。

第三阶段为2000—2012年的快速发展阶段。21世纪以来,我国农业发展进入新阶段,农产品由供不应求转变为供求基本平衡、丰年有余。为了适应农业结构战略性调整提出的新要求和加入世界贸易组织后面临的新形势,中央加大了推进农业产业化的力度。2001年11月27日召开的中央经济工作会议上,江泽民同志强调指出:"农业产业化经营是促进农业结构战略性调整的重要途径,是通过产加销结合,使广大农民普遍受益的经营形式,要作为农业和农村经济工作中一件带全局性、方向性的大事来抓。扶持农业产业化就是扶持农业,扶持龙头企业就是扶持农民。"党的十六大要求积极推进农业产业化经营,提高农民进入市场的组织化程度和农业综合效益。党的十七大强调,支持农业产业化经营和龙头企业发展。党的十七届三中全会决定提出,发展农业产业化经营,促进农产品加工业结构升级,扶持壮大龙头企业,培育知名品牌。这一阶段,中央一号文件连续强调农业产业化和龙头企业发展,各级各部门不断完善扶持政策,积极推动组织模式创新,全面提升农业产业化经营水平。2012年10月,国务院下发《关于支持农业产业化龙头企业发展的意见》(国发〔2012〕10号),对龙头企业各项优惠政策给予集成,并部署政策落实"回头看"活动,责成和促进各项政策落实到位。到2012年,全国龙头企业达10多万家,其中国家重点龙头企业1 200多家,省级重点龙头企业11 000多家,涌现出一大批资产实力强、市场潜力大、技术设备先进、经营效益好、带动农户和生产基地面宽的企业集团。

第四阶段为2012年以来的转型发展阶段。随着我国经济连续30多年的快速发展,我国已成为世界第二大经济体。然而,总的来看,我国经济发展是比较粗放的,导致了资源环境都绷得很紧,且经济体量如此之大,再保持两位数的高速增长是难以为继的,我国经济步入了以中低速、高质量为特征的新常态。本书认为,在这种新常态下,龙头企业也不能独善其身,将面临3个方面的挑战。一是经济增速下降,社会总需求增速也相应下降,对龙头企业开拓市场产生不利影响;二是集团消费减少,国内消费市场结构重构,对龙头企业开发产品和市场定位提出挑战;三是资源环境约束越来越大,外延式、粗放型发展方式迫切需要转型升级。基于以上分析,本书认为,常态下龙头企业的发展速度将会减慢,并倒逼龙头企业加强技术改造和升级,加大信息化对产业发展的支撑,龙头企业进入转型发展的新阶段。

【拓展阅读】

联想佳沃的"三全模式"

联想佳沃集团成立于2012年,主要从事现代农业和食品领域的投资和相关业务运营。联想佳沃集团作为中国最大的水果全产业链企业,在海外及中国拥有规模化的蓝莓和奇异果种植基地,拥有领先的种苗繁育中心、工程技术中心、分选加工中心、冷链物流平台和品牌营销网络。联想佳沃集团将工业化的运营理念应用于农业产业化发展,创新性地提出了"三全模式"。

全产业链运营:秉承"好产品从种植开始"的理念,佳沃建立了从品种选育、种植管理、采摘分选,到冷链物流和营销网络的全产业链业务模式,为消费者生产和交付安全、高品质的产品。

全程可追溯:佳沃建立了从田间到餐桌的全程可追溯系统,每个环节都有品质标准、作业规范和责任到人的质量管控体系,并详细记录全程信息，确保产品质量安全。

全球化布局：佳沃在全球优质产区进行布局，为消费者全年无间断提供新鲜农产品和高品质食品，同时引入海外农业和食品领域的先进技术和管理模式，致力于将佳沃打造成为中国现代农业领导品牌。

三、农业产业化龙头企业与农户的利益联结机制

农业产业化龙头企业与农户结成利益共同体有以下几种方式。

（1）农户以土地使用权入股农业产业化龙头企业。农户入股后得到一定的股份分红收益，农民同时可以从事其他劳动或者成为进城务工人员获取相应的劳动报酬，以此增加农民收入，龙头企业也从中获利。

（2）农民直接以资金形式入股农业产业化龙头企业。农民以自有资金入股企业，获得企业股权，享受相应收益。农民的自有资金来自从事农业生产的收入、进城务工的劳动报酬或其他渠道。

（3）农户以农业机械设备入股农业产业化龙头企业。小农户的农业机械设备会因为自己种植面积过小而难以发挥优势，设备利用率无法保障，但是机械设备适合大面积的农业耕种，入股企业后可以避免机械设备的资源浪费，农民也因为入股增加收入。

（4）农民以农业工人的形式入股农业产业化龙头企业。农民和龙头企业通过签订相关协议、合同，农民变为龙头企业员工，企业为员工发放工资。农民可以获得工资性收入和土地使用权收益，企业可以因为规模效应获得更多利润，农民和企业实现双赢。

（5）农民以科技知识形式入股农业产业化龙头企业。具有特殊农业种植、养殖知识的农民可以以知识产权的形式入股龙头企业，企业吸收农民的相关先进技术和知识。

（6）农户按照自己原来的生产模式生产，但是生产之前与农业产业化龙头企业签署合作协议，农户的农业生产和经营销售按照签

订的协议执行。

政府在农业产业化龙头企业和农户合作的过程中发挥着重要作用,尤其是涉及利益分配方面的问题,促进了龙头企业和农户的有效合作。具体而言,政府保证了龙头企业和农户双方的合法利益,构建了合理的利益分享机制,保证双方利益分配合理,只有双方都实现盈利,才能保障合作有序开展。政府也解决了风险分担问题,保证企业和农户双方都承担相应风险,成立风险基金,在出现市场风险时弥补各方损失,从而有效地降低风险。政府还通过法律保障龙头企业和农户的合法权益,规范合作合同,建立良好的法律环境,确保合同高效执行,形成合作共赢的利益联结机制。

四、农业产业化龙头企业的发展效果

农业产业化龙头企业的发展促进了农业科技创新的进步,在农业科技创新中发挥了日益明显的主体作用。大多数的农业产业化龙头企业都拥有自主知识产权的核心技术,且科技创新的水平和层次不断提升,部分龙头企业已经掌握了国内外先进技术,甚至达到国际领先水平,为我国农业科技水平的提高创造了良好的环境,起到了带动作用。

农业产业化龙头企业开拓了国际农产品市场,增强了竞争实力。龙头企业解决了农户小生产面对大市场的难题,注重国内、国际两个市场的并行发展,加大了市场开拓力度。龙头企业还注重品牌建设,走品牌化经营道路,提高了农产品的市场竞争力,提高了农民实际收入,推动了农业产业化发展。

五、农业产业化龙头企业的发展现状

2012年,国务院出台《关于支持农业产业化龙头企业发展的意见》,明确了扶持龙头企业发展的政策措施。截至2013年底,我国各类龙头企业有近12万家,其中,种植业大约占46.9%,畜牧业大约占27.4%，水产业大约占6.6%。以龙头企业为主体的各类产业化经营组织辐射带动了全国40%以上的农户和60%以上的生产基地。

我国国家级重点龙头企业分布不均。考虑到地域农业产业化经营的状况，在评定国家级龙头企业时的认定标准有所差异，国家级重点龙头企业代表了各个地域中的最优水平。国家级重点龙头企业的地域分布从华北到西北呈现明显的正态分布，与我国地域经济发展情况基本一致。国家在认证国家级重点龙头企业时，充分考虑了不同地区农业经营水平的差异，保证了国家级重点龙头企业在地区间的合理分配。龙头企业依托生产基地建设，拓展品牌市场，调动了农户的生产积极性，带动农民增收，辐射范围逐渐扩大。

具体而言，由于自然资源、经济状况等原因，我国东部地区的农业产业化经营发展速度较快，比中部、西部地区规模更大，影响更广。东部地区起步较早，发展较快，从当地的优势资源、技术、人力等方面确定了主导产业，形成商品基地，逐渐扩大规模，形成具有地方特色的农业布局，如山东的蔬菜、肉类，浙江的草莓、蜂产品、淡水产品等。中部地区产业化经营也迅速发展，主导产业逐步形成，如河南西峡县的果、药，湖北京山县的蛋鸡产业等。农业结构调整取得一定进展，商品基地的建设由"一乡一业""一村一品"逐渐发展为以主导产业为支柱的产业带基地，农业产业化龙头企业的辐射力度逐渐增强，特色农产品的发展也初具规模。西部地区逐步形成了特色优势产业，如新疆的红色产业（红花、葡萄、番茄等）、白色产业（棉花），四川的生猪、马铃薯，内蒙古的牛奶、羊绒等。但由于传统农业种植观念相对保守落后，农牧民受教育水平较低、青壮年劳动力大量流失、投资环境薄弱、基础设施落后、资金支持缺乏等各种因素的制约，西部地区的生产方式比较粗放，农业的弱质产业性质更为强烈，农业产业化水平相较东部、中部地区普遍较低，辐射带动农户收入的增加值在全国水平线以下。

六、农业产业化龙头企业促进农业技术的推广

随着农业产业化的深入发展,农业产业化龙头企业不断涌现,形成了以此为主导的农业技术推广体系。农业产业化龙头企业发挥专业化、社会化和农科教一体化的协同优势,从多角度提高生产经营和劳动力的整体素质,并且在农业生产的各个环节广泛应用科学技术,提高农产品的科技含量。农业产业化龙头企业借助自身的专业化技术知识和消费网络,将相关的农业技术传播给农户,并将技术知识应用到实际农业生产经营当中,转变了农业发展方式,促进了农业现代化进程。农业产业化龙头企业与农户联系密切,形成利益共同体,在此过程中,龙头企业采用一系列先进技术手段,提高了农业现代化水平和农业生产效率,降低了劳动监督的费用和难度,将农业生产技术、知识和管理经验分享给农民,与农民一道实现农业产业化的目标。农业产业化龙头企业在生产经营过程中与很多相关的上、下游企业有业务往来,在此供应链上各个节点的合作关系对农业生产经营技术的推广有重要的推动作用。具体来说,农业产业化龙头企业与相关领域的生产经营企业、政府部门、科研院所都有联系,具有创新能力的研发成果构成整个农业技术推广链上的源头,农技知识以此为开端向农户扩散。农业产业化龙头企业在此过程中保证了农业生产经营技术的有效扩散,对涉农供应链进行了高效管理,在日常管理、企业内部流程、品牌形象管理、储备与销售方面实现了规范化和流程化。

在这种一体化的经营模式下,龙头企业和农户有共同的盈利目标,双方共同构成农技推广的动力源。龙头企业期望农户生产的农产品品质更高,因此会将高品质种子、优质化肥等推荐给农户,也会向农户传授先进的农业科技成果。家庭承包经营中出现问题时,龙头企业进行技术支持,帮助解决问题;农户为了增加收益会种植市场行情更好的农产品,会主动使用高质量种子,应用现代化种植

技术。二者合力推动农业生产经营技术的推广,保证先进技术的转化率,带动相关人员知识和科技素养的提高,促进农产品的规模化和标准化生产。

农业产业化龙头企业采用连锁经营拓展市场,具有规模优势和品牌优势。龙头企业有实力在市、县设立管理站,再以此为扩散源,形成连锁经营模式,降低了成本,提高了品牌效益,还能够保证相关技术服务和农业资讯及时传递到农户手中,而且方便收集相关反馈信息,有利于技术改进。连锁经营的方式使得农业产业化龙头企业融入农村生活,建立基层农业推广站,及时了解对应区域内农户对农业技术的需求,促进了双方的沟通和交流,促进了龙头企业对地方农户的依赖,双方合作关系更加稳固,农民也因此学习到更多有用的农业技术。

农业产业化龙头企业与农户共同获得利益,从而促使二者相互合作。共同利益的来源是知识溢出所创造的价值增值。各个成员获取知识的能力越强,知识链上的成员获得的收益就越多。而且知识链上的成员相互影响,也促使龙头企业吸纳更多农户进入农技推广体系中,并且在产前、产中、产后各个环节进行指导。除此之外,没有参加农业产业化龙头企业农技项目的农户也能享受到农技推广的部分好处,农民的知识水平因此得到提高,交易成本降低,合作关系进一步增强。

七、农业产业化龙头企业发展存在的问题

我国农业产业化龙头企业地域间发展不平衡,大部分分布在东部地区,中部、西部地区数量较少,地域性明显。政府对龙头企业的扶持也有待规范。各地虽然出台了很多扶持龙头企业的优惠政策,但是落实得不够。政府对龙头企业的支持大多停留在资金层面,给予人才、科技等方面的支持较少。

农业产业化龙头企业与农户的利益联结机制不够完善。部分龙

头企业通过合同农业、订单农业等利益联结机制与农户建立了经济关系,企业和农户都追求自身利益最大化,契约关系不够稳定,当市场价格高于契约价格时,农户不愿意将农产品卖给龙头企业;当市场价格低于契约价格时,龙头企业不愿意大量收购农产品,造成双方较高的违约率。还有一些龙头企业与农户只是市场买卖关系,双方没有稳定的供需关系,要么龙头企业不愿意收购农产品导致农户农产品难卖,要么农户惜售导致龙头企业的原材料得不到保障,因此有效的利益联结机制难以很好地形成。

我国的社会化服务体系无法满足农业产业化龙头企业的需求。我国的土地流转市场、农业科技市场等服务市场体系不够健全,完成交易需要花费大力气,企业在科技、人才战略方面还需要不断完善。土地流转市场的不健全使得龙头企业建立生产基地时未能广泛征求当地农户意见,与政府的直接谈判,客观上忽视了当地农户的权益,造成很多土地冲突问题。在金融支持方面,商业银行对龙头企业的贷款需求要求严苛,不利于龙头企业获得充足资金,龙头企业发展受到相应阻碍。

就农业产业化龙头企业自身而言,一些企业长期租赁农民土地,但是土地租金偏低。还有一些企业未将转租的土地投入农业生产,而是用于发展园艺、旅游业等,存在非农化、非粮化的现象。相对于农业产业化龙头企业经营的大面积土地而言,其能解决就业的农村劳动力却是少数。龙头企业虽然与农户建立了利益联结模式,但是总体上在龙头企业与农户的利益联结中,农民处于绝对劣势,话语权不够,得到的增值收益很少。农业产业化龙头企业在一定程度上也改变了农民的生活方式,甚至改变农村社会的阶层结构,当农民的业主身份转变为企业雇工时,心理状态、行为方式和生活习惯都会发生较大的变化。此外,作为企业,农业产业化龙头企业以营利为目的,需要实现利润最大化,对土地的利用方式发生改变,可能会对土地肥力、生态环境和可持续发展造成破坏。龙头企业的经营风险可能会导致农民的土地租金受损，造成农业土地复耕难度大，土地入股的农户在企业债务清偿时会遭遇法律难题。尤其是农产品加工类的龙头企业，主要从事农副产品收购、加工和销售，季节性较强，需求量大，收购旺季时资金需求矛盾很突出，融资困难。

八、发展农业产业化龙头企业的有利条件

农业产业化龙头企业具有丰富的自然资源。我国的自然地理环境为农业生产提供了很多可能性。不同地区可以因地制宜，发展支柱产业，打造特色农产品。此外，各地还具有丰富廉价的劳动力资源，农村大量的剩余劳动力，对工资福利和安定程度的要求不高，能够大幅减少企业的雇用成本。

农业产业化龙头企业具有有力的政策支持。龙头企业加快农业产业化发展，带动农民增收，各级政府关注并扶持龙头企业。农业部与中国农业发展银行发布《关于支持农业产业化龙头企业发展的意见》，从原料采购、设备引进、农产品收购、固定投资等各个方面给予龙头企业大力支持，一系列的优惠政策为龙头企业的发展提供了良好的政策环境。

农业产业化龙头企业具有经济全球化机遇。随着经济全球化发展，农业产业化龙头企业走向国际有着大量的机遇。国外品牌进入中国市场也通过原材料本土化策略给了龙头企业巨大商机。龙头企业若能抓住机遇，迎接挑战，化解威胁，就能在全球市场中争得一席之地。

农业产业化龙头企业拥有信息化契机。随着网络通信技术的快速发展，龙头企业有条件享受信息化带来的便捷。涉农网站、农村市场信息等逐渐丰富完善，为农业企业提供信息支持。农业产业化龙头企业也可以自建网站，丰富宣传方式，加大宣传力度，促进自身发展和壮大。

第三节　目前国家对农业产业化龙头企业发展的支持政策

支持符合条件的龙头企业开展中低产田改造、高标准基本农田、土地整治、粮食生产基地、标准化规模养殖基地等项目建设，切实改善生产设施条件。国家用于农业农村的生态环境等建设项目，要对符合条件的龙头企业原料生产基地予以适当支持。

支持龙头企业带动农户发展设施农业和规模养殖，开展多种形式的适度规模经营，充分发挥龙头企业示范引领作用。深入实施"一村一品"强村富民工程，支持专业示范村镇建设，为龙头企业提供优质、专用原料。支持符合条件的龙头企业申请"菜篮子"产品生产扶持资金。龙头企业直接用于或者服务于农业生产的设施用地，按农用地管理。鼓励龙头企业使用先进适用的农机具，提升农业机械化水平。

鼓励龙头企业开展粮棉油糖示范基地、园艺作物标准园、畜禽养殖标准化示范场、水产健康养殖示范场等标准化生产基地建设。支持龙头企业开展质量管理体系和无公害农产品、绿色食品、有机农产品认证。有关部门要建立健全农产品标准体系，鼓励龙头企业参与相关标准制定，推动行业健康有序发展。

鼓励龙头企业引进先进适用的生产加工设备，改造升级储藏、保鲜、烘干、清选分级、包装等设施装备。对龙头企业符合条件的固定资产，按照法律法规规定，缩短折旧年限或者采取加速折旧的方法折旧。对龙头企业从事国家鼓励发展的农产品加工项目且进口具有国际先进水平的自用设备，在现行规定范围内免征进口关税。对龙头企业购置符合条件的环境保护、节能节水等专用设备，依法享受相关税收优惠政策。对龙头企业带动农户与农民专业合作社进行产地农产品初加工的设施建设和设备购置给予扶持。

鼓励龙头企业合理发展农产品精深加工，延长产业链条，提高农产品附加值。认真落实国家有关农产品初加工企业所得税优惠政策。保障龙头企业开展农产品加工的合理用地需求。

支持龙头企业以农林剩余物为原料的综合利用和开展农林废弃物资源化利用、节能、节水等项目建设，积极发展循环经济。研发和应用餐厨废弃物安全资源化利用技术。加大畜禽粪便集中资源化力度，发挥龙头企业在构建循环经济产业链中的作用。

支持大型农产品批发市场改造升级，鼓励和引导龙头企业参与农产品交易公共信息平台、现代物流中心建设，支持龙头企业建立健全农产品营销网络，促进高效畅通安全的现代流通体系建设。大力发展农超对接，积极开展直营直供。支持龙头企业参加各种形式的展示展销活动，促进产销有效对接。规范和降低超市和集贸市场收费，落实鲜活农产品运输"绿色通道"政策，结合实际完善适用品种范围，降低农产品物流成本。铁路、交通运输部门要优先安排龙头企业大宗农产品和种子等农业生产资料运输。

鼓励龙头企业大力发展连锁店、直营店、配送中心和电子商务，研发和应用农产品物联网，推广流通标准化，提高流通效率。支持龙头企业改善农产品储藏、加工、运输和配送等冷链设施与设备。支持符合条件的国家和省级重点龙头企业承担重要农产品收储业务。探索发展生猪等大宗农产品期货市场。鼓励龙头企业利用农产品期货市场开展套期保值，进行风险管理。

鼓励和引导龙头企业创建知名品牌，提高企业竞争力。支持龙头企业申报和推介驰名商标、名牌产品、原产地标记、农产品地理标志，并给予适当奖励。整合同区域、同类产品的不同品牌，加强区域品牌的宣传和保护，严厉打击仿冒伪造品牌行为。

落实《国务院关于促进企业兼并重组的意见》的相关优惠政策，支持龙头企业通过兼并、重组、收购、控股等方式，组建大型企业集团。支持符合条件的国家重点龙头企业上市融资、发行债券、在境外发行股票并上市,增强企业发展实力。积极有效利用外资,在符合世贸组织规则前提下加强对外商投资的管理,按照《国务院办公厅关于建立外国投资者并购境内企业安全审查制度的通知》的规定,对外资并购境内龙头企业做好安全审查。

积极创建农业产业化示范基地,支持农业产业化示范基地开展物流信息、质量检验检测等公共服务平台建设。引导龙头企业向优势产区集中,推动企业集群集聚,培育壮大区域主导产业,增强区域经济发展实力。

鼓励龙头企业加大科技投入,建立研发机构,加强与科研院所和大专院校合作,培育一批市场竞争力强的科技型龙头企业。通过国家科技计划和专项等支持龙头企业开展农产品加工关键和共性技术研发。鼓励龙头企业开展新品种、新技术、新工艺研发,落实自主创新的各项税收优惠政策。鼓励龙头企业引进国外先进技术和设备,消化吸收关键技术和核心工艺,开展集成创新。发挥龙头企业在现代农业产业技术体系、国家农产品加工技术研发体系中的主体作用,承担相应创新和推广项目。

农业技术推广机构要积极为龙头企业开展技术服务,引导龙头企业为农民开展技术指导、技术培训等服务。各类农业技术推广项目要将龙头企业作为重要的实施主体。

鼓励龙头企业采取多种形式培养业务骨干,积极引进高层次人才,并享受当地政府人才引进待遇。有关部门要加强对龙头企业经营管理和生产基地服务人员的培训,组织业务骨干到科研院所学习进修。鼓励和引导高校毕业生到龙头企业就业,对符合基层就业条件的,按规定享受学费补偿和国家助学贷款代偿等政策。

鼓励龙头企业采取承贷承还、信贷担保等方式,缓解生产基地农户资金困难。鼓励龙头企业资助订单农户参加农业保险。支持龙头企业与农户建立风险保障机制,对龙头企业提取的风险保障金在实际发生支出时,依法在计算企业所得税前扣除。

引导龙头企业创办或领办各类专业合作组织,支持农民专业合作社和农户入股龙头企业,支持农民专业合作社兴办龙头企业,实现龙头企业与农民专业合作社深度融合。鼓励龙头企业采取股份分红、利润返还等形式,将加工、销售环节的部分收益让利给农户,共享农业产业化发展成果。

充分发挥龙头企业在构建新型农业社会化服务体系中的重要作用,支持龙头企业围绕产前、产中、产后各环节,为基地农户积极开展农资供应、农机作业、技术指导、疫病防治、市场信息、产品营销等各类服务。

逐步建立龙头企业社会责任报告制度。龙头企业要依法经营,诚实守信,自觉维护市场秩序,保障农产品供应。强化生产全过程管理,确保产品质量安全。积极稳定农民工就业,大力开展农民工培训,引导企业建立人性化的企业文化,营造良好的工作环境和生活环境,保障农民工合法权益。加强节能减排,保护资源环境。积极参与农村教育、文化、卫生、基础设施等公益事业建设。龙头企业用于公益事业的捐赠支出,对符合法律法规规定的,在计算企业所得税前扣除。

积极引导和帮助龙头企业利用普惠制和区域性优惠贸易政策,增强出口农产品的竞争力。加强农产品外贸转型升级示范基地建设,扩大优势农产品出口。在有效控制风险的前提下,鼓励利用出口信用保险为农产品出口提供风险保障。提高通关效率,为农产品出口提供便利。支持龙头企业申请商标国际注册,积极培育出口产品品牌。

引导龙头企业充分利用国际国内两个市场、两种资源,拓宽发展空间。扩大农业对外合作,创新合作方式。完善农产品进出口税收政策,积极对外谈判,签署避免双重征税协议。对龙头企业境外投资项目所需的国内生产物资和设备,提供通关便利。

切实做好龙头企业开拓国际市场的指导和服务工作,加强国际农产品贸易投资的法律政策研究，及时发布市场预警信息和投资指南。完善农产品贸易摩擦应诉机制，积极应对各类贸易投资纠纷。进一步完善农产品出口检验检疫制度，继续对出口活畜、活禽、水生动物以及免检农产品全额免收出入境检验检疫费，对其他出口农产品减半收取检验检疫费。

各级财政要多渠道整合和统筹支农资金，在现有基础上增加扶持农业产业化发展的相关资金，切实加大对农业产业化和龙头企业的支持力度。中小企业发展专项资金要将中小型龙头企业纳入重点支持范围，国家农业综合开发产业化经营项目要向龙头企业倾斜。农业发展银行、进出口银行等政策性金融机构要加强信贷结构调整，在各自业务范围内采取授信等多种形式，加大对龙头企业固定资产投资、农产品收购的支持力度。鼓励农业银行等商业性金融机构根据龙头企业生产经营的特点合理确定贷款期限、利率和偿还方式，扩大有效担保物范围，积极创新金融产品和服务方式，有效满足龙头企业的资金需求。大力发展基于订单农业的信贷、保险产品和服务创新。鼓励融资性担保机构积极为龙头企业提供担保服务，缓解龙头企业融资难问题。中小企业信用担保资金要将中小型龙头企业纳入重点支持范围。全面清理取消涉及龙头企业的不合理收费项目，切实减轻企业负担，优化发展环境。

符合下列条件的重点龙头企业，暂免征收企业所得税。

第一，经过全国农业产业化联席会议审查认定为重点龙头企业。

第二，生产经营期间符合《农业产业化国家重点龙头企业认定及运行监测管理暂行办法》的规定。

第三，从事种植业、养殖业和农林产品初加工，并与其他业务分别核算。

重点龙头企业所属的控股子公司，其直接控股比例超过50%（不含50%）的，且控股子公司符合上述规定的，可享受重点龙头企业的税收优惠政策。

健全农业产业化调查分析制度，建立省级以上重点龙头企业经济运行调查体系，加强行业发展跟踪分析。完善重点龙头企业认定监测制度，实行动态管理。建立健全主要农产品生产信息收集和发布平台，无偿为龙头企业的生产经营决策提供所需信息。发挥龙头企业协会的作用，加强行业自律，规范企业行为，服务会员和农户。认真总结龙头企业带动农户增收致富、发展现代农业的好经验、好做法，大力宣传农业产业化发展成果，对发展农业产业化成绩突出的单位和个人按照国家有关规定给予表彰奖励，营造全社会关心支持农业产业化和龙头企业发展的良好氛围。

第四节　农业产业化龙头企业的发展策略

一、农业产业化龙头企业的发展要关注的几个方面

农业产业化龙头企业要注重品牌化战略。传统的价格竞争已经演变为以品牌竞争为核心的全面竞争，龙头企业要注意树立品牌形象。例如，内蒙古蒙牛乳业（集团）股份有限公司坚持"培育核心产品，抢占技术高端"的多品牌化战略，且申请了847件国家专利，注册商品产品有430件；山东鲁花集团有限公司坚持"做好油"的品牌化战略，以"提高国民健康水平，增强民族整体素质"为出发点保证产品质量，用户满意率高达100%。福建圣农集团有限公司坚持"质量优先，专而精"的品牌化战略，在大力开发多种农产品品牌的同时打造顶尖品牌。可见品牌化战略给龙头企业带来活力，提高了产品的市场竞争力，能够扩大龙头企业的市场份额，提高盈利水平。龙头企业要改变传统的农产品生产观念，将品牌化战略发扬光大，在做大品牌的同时，更要注意品牌文化的建设，重视维护品牌信用。

农业产业化龙头企业要注重科技创新战略。科技创新与企业的

产品研发、技术变迁等息息相关，是企业发展壮大的必要条件，是决定企业竞争能力的关键因素，企业只有坚持科技创新战略才能适应消费者的不同需求，满足复杂多变的消费市场。龙头企业科技创新要以先进的科学技术为基础，融合农产品创新和工艺创新，提高产品品质和科技含量。与此同时，要加强产品的更新换代，增强企业的综合实力。在科技创新的过程中，要以市场需求为导向，不能忽视市场需求，形成多层次的科技投入结构，以技术支持体系确定龙头产业的发展战略。

农业产业化龙头企业要注重信息化战略。目前，我国农业产业化龙头企业的信息化建设还处于初级探索阶段，在技术变革、人才引进、资金运转等方面还存在短板，为了迎接新的机遇和挑战，农业产业化龙头企业的信息化建设具有重大意义。

龙头企业应该从实际出发，结合我国国情，实施信息化战略，提高对农业信息化的认识。结合机制创新、体制创新、技术创新和管理创新等活动，以最需要实现信息化建设的环节作为突破口，研发和利用信息资源，提高对市场变化的应对能力。结合资本、信息、技术等要素，构建有效的激励和约束机制，调动企业员工的积极性。充分利用企业外部的信息网络，统计和分析农产品交易数据和价格趋势，根据信息资源制订自身发展计划，实现战略目标。

农业产业化龙头企业要注重联盟战略。在经济全球化的背景之下，企业之间已经从原来单纯的对立竞争关系调整为合作竞争，联盟战略作为合作竞争的主要方式应该受到企业的重视。农业产业化龙头企业需要在产品研发、质量控制、技术创新、市场开拓等方面与其他企业开展合作，打造双赢的局面。一方面，龙头企业可以与国内大的销售网络甚至跨国公司形成战略联盟，并借此拓展企业规模，适应国内外市场；另一方面，可以和农业行业协会结成联盟，获得整个行业的相关信息，与时俱进；再者，还可以与权威科研机构实现战略联盟，借助科研机构的先进技术和研发成果，申请相应产品的专利，实现个性化生产。

农业产业化龙头企业要注重"走出去"战略。"走出去"是我国发展外向型经济，参与经济全球化的必由之路。龙头企业不能只局限于国内市场，而要实施"走出去"战略，拓展国际市场，提高企业的国际竞争力。龙头企业要实现产业结构调整，进行企业机制体制转化，建立资源、人才、技术、资金等各个方面的激励和约束机制，开拓多元化市场，争取能够引入外资，建立良好的资金运转机制。

农业产业化龙头企业要注重可持续发展战略。龙头企业要立足于农业、农村，关注社会的可持续发展目标，在提高利润水平的同时适应外界环境变化，合理配置资源，实现可持续发展。虽然就目前而言，大多数龙头企业还处于起步阶段，时机还不够成熟，没有足够的资金和技术实现可持续发展，但是要树立可持续发展意识，并及时调整完善。只有注重可持续发展战略，才能保证龙头企业稳定、高速发展。

二、农业产业化龙头企业融资方式

龙头企业的内源性融资。内源性融资属于企业的权益性融资，是龙头企业生产经营产生的资金，是内部融通的资金，主要由留存收益和折旧构成，构成企业的自有资金，是一个将自己的储蓄转化为投资的过程。

龙头企业的外源性融资。外源性融资属于债务性融资，债务性融资构成负债，债权人不参与龙头企业的经营决策，龙头企业按期偿还约定的本息。外源性融资方式包括银行贷款、发行股票、企业债券等，通过吸收其他经济主体的储蓄，转化为自己的投资。

其他融资。国家对农业及农业相关产业大力扶持，国家各级政府出台了不少政策扶持农业龙头企业的发展，例如直接拨款、对龙头企业进行贷款贴息、出资为龙头企业组建信贷担保公司、提供税收优惠等。

三、农业产业化龙头企业在融资方面存在的问题

农业产业化龙头企业的融资意识比较薄弱。大多数龙头企业的经营规模较小，处于成长期，生产经营的大多是初级农产品，产品科技含量较低。加上农业企业生产周期较长，资金周转缓慢，具有较强的季节性，投入产出效率低，经营风险较大。

因此，农业龙头企业的融资意识普遍较低，还没有意识到内源性融资对企业的重要意义，内部利润分配存在短期化倾向。企业也缺乏积极争取融资的意识，导致外源性融资不足。

农业产业化龙头企业的融资方式比较单一。龙头企业的融资方式大多停留在常规性的融资方式上，内源性融资主要是将未分配利润、公积金等作为进一步融资；外源性融资大多选择传统的银行或信用社贷款，农村资金互助组织融资、贷款公司融资等方式很少。

农业产业化龙头企业的融资担保不够完善。信用担保存在担保贷款发放主体少、担保面窄、担保贷款资金额度有限、担保存在风险等问题。

第五节 申报、认定农业产业化龙头企业

一、申报农业产业化龙头企业

根据《农业产业化国家重点龙头企业认定和运行监测管理办法》，申报企业应符合以下基本标准。

第一，企业组织形式。依法设立的以农产品生产、加工或流通为主业、具有独立法人资格的企业。包括依照公司法设立的公司，其他形式的国有、集体、私营企业以及中外合资经营、中外合作经营、外商独资企业，直接在工商管理部门注册登记的农产品专业批

发市场等。

第二，企业经营的产品。企业中农产品生产、加工、流通的销售收入（交易额）占总销售收入（总交易额）的70%以上。

第三，生产、加工、流通企业规模。总资产规模：东部地区1.5亿元以上，中部地区1亿元以上，西部地区5 000万元以上；固定资产规模：东部地区5 000万元以上，中部地区3 000万元以上，西部地区2 000万元以上；年销售收入：东部地区2亿元以上，中部地区1.3亿元以上，西部地区6 000万元以上。

第四，农产品专业批发市场年交易规模：东部地区15亿元以上，中部地区10亿元以上，西部地区8亿元以上。

第五，企业效益。企业的总资产报酬率应高于现行1年期银行贷款基准利率；企业应不欠工资、不欠社会保险金、不欠折旧，无涉税违法行为，产销率达93%以上。

第六，企业负债与信用。企业资产负债率一般应低于60%；有银行贷款的企业，近2年内不得有不良信用记录。

第七，企业带动能力。鼓励龙头企业通过农民专业合作社、专业大户直接带动农户。通过建立合同、合作、股份合作等利益联结方式带动农户的数量一般应达到：东部地区4 000户以上，中部地区3 500户以上，西部地区1 500户以上。

企业从事农产品生产、加工、流通过程中，通过合同、合作和股份合作方式从农民、合作社或自建基地直接采购的原料或购进的货物占所需原料或所销售货物量的70%以上。

第八，企业产品竞争力。在同行业中企业的产品质量、产品科技含量、新产品开发能力处于领先水平，企业有注册商标和品牌。产品符合国家产业政策、环保政策，并获得相关质量管理标准体系认证，近2年内没有发生产品质量安全事件。

第九，申报企业原则上应是农业产业化省级重点龙头企业。

符合以上第一、二、三、五、六、七、八、九款要求的生产、加工、流通企业可以申报作为农业产业化国家重点龙头企业；符合以上第一、二、四、五、六、八、九款要求的农产品专业批发市场可以申报作为农业产业化国家重点龙头企业。

企业申报时，要提供以下材料。

第一，企业的资产和效益情况须经有资质的会计师事务所审定。

第二，企业的资信情况须由其开户银行提供证明。

第三，企业的带动能力和利益联结关系情况须由县以上农经部门提供说明。应将企业带动农户情况进行公示，接受社会监督。

第四，企业的纳税情况须由企业所在地税务部门出具企业近3年内纳税情况证明。

第五，企业质量安全情况须由所在地农业部门提供书面证明。

申报程序。

第一，申报企业直接向企业所在地的省（自治区、直辖市）农业产业化工作主管部门提出申请。

第二，各省（自治区、直辖市）农业产业化工作主管部门对企业所报材料的真实性进行审核。

第三，各省（自治区、直辖市）农业产业化工作主管部门应充分征求农业、发改、财政、商务、人民银行、税务、证券监管、供销合作社等部门及有关商业银行对申报企业的意见，形成会议纪要，并经省（自治区、直辖市）人民政府同意，按规定正式行文向农业部农业产业化办公室推荐，并附审核意见和相关材料。

二、农业产业化龙头企业认定

由农业经济、农产品加工、种植养殖、企业管理、财务审计、有关行业协会、研究单位等方面的专家组成国家重点龙头企业认定、监测工作专家库。

在国家重点龙头企业认定监测期间，从专家库中随机抽取一定比例的专家组建专家组，负责对各地推荐的企业进行评审，对已认定的国家重点龙头企业进行监测评估。专家库成员名单、国家重点龙头企业认定和运行监测工作方案,由农业农村部向全国农业产业化联席会议成员单位提出。

国家重点龙头企业认定程序和办法。

第一,专家组根据各省(自治区、直辖市)农业产业化工作主管部门上报的企业有关材料,按照国家重点龙头企业认定办法进行评审,提出评审意见。

第二,农业农村部农业产业化办公室汇总专家组评审意见,报全国农业产业化联席会议审定。

第三,全国农业产业化联席会议审定并经公示无异议的企业,认定为国家重点龙头企业,由8部门联合发文公布名单,并颁发证书。

第八章 农业社会化服务

第一节 农业社会化及农业社会化服务概述

一、农业社会化的含义

农业社会化是指生产环节上的社会化，生产要素为适应生产力的发展要求在社会范围内流动，将分散的个体行动整合为有效的集体行动。农业社会化就是在社会分工和农业生产专业化的基础上将原来封闭、孤立、自给的体系转变为开放、分工、协作的商品性体系的过程，是农业生产和发展方式的转变。农业社会化是现代农业的重要标志和组成部分，是实现现代农业的支撑手段。一方面，农民在实际生产经营过程中，受自身能力素质的限制对社会有所依赖，而且市场经济的发展和社会开放程度的提高带动农业、农村向现代农业和城市生活过渡，分散农户进入到开放的全球化市场经济范围内，参与到社会化分工合作当中。另一方面，农业生产的专业化和规模化不断提高，其他社会经济部门逐渐参与到农业生产经营当中，更多的人从农业生产中分离出来，流向第二、第三产业。农业生产对外部资本、技术、市场环境和政策的依赖程度增强，农业生产经营的高效运转需要其他社会经济部门的参与和支持。

通过农业社会化，能够将分散农户组织起来，将小农生产经营纳入现代农业发展当中，通过分工协作发挥规模效应，有效转化农业科学技术，实现农业机械化，增加农业综合生产能力，推动农业的专业化、设施化和机械化，实现城乡统筹发展，建设和谐社会。

二、农业社会化服务体系

农业社会化服务体系是农业分工扩大的结果,是农业生产经营商品化和市场化发展到一定程度的表现,是为农业生产提供社会化服务的成套的组织机构和方法制度的总称。它是以乡村集体或者合作社经济组织为基础,以专业的经济技术部门为依托,以农民自办服务为补充,运用社会各方面的力量,使经营规模相对较小的农业生产单位适应市场经济体制的要求,克服自身规模较小的弊端,争取获得大规模的生产效益的一种社会化的农业经济组织形式。农业社会化服务体系是农业社会化服务单位、服务内容和服务方式3个方面的统一。

第二节 农业社会化服务体系的内容

一、农业社会化服务体系的构成要件

农业社会化服务体系的基本构成要件有:农业技术推广体系,动植物疫病防控体系,农产品质量监管体系,农产品市场体系,农业信息收集和发布体系,农业金融和保险服务体系。

二、农业社会化服务体系包括哪些部分

与农业相关的社会经济组织包括政府公共服务机构,农村自发形成的农业合作经济组织,农业产业化龙头企业以及科研教育单位等。政府公共服务机构包括政府行政部门、各级基层政府、乡镇级派出机构、村级集体组织等,一般会提供基础设施建设服务、技术推广服务、资金投入服务体系,提供信息、政策和法律支持服务等。

农业社会化服务体系提供的各种服务包括农业产前、产中、产

后的全面、系统、一体化的服务。如产前的生产资料供应（种子、化肥、农药、薄膜等），产中的耕种技术、栽培技术、病虫害防治技术等技术服务，以及产后的销售、运输、加工等服务。

三、农业社会化服务体系内部结构的关系

政府公共服务机构指导调控农村专业合作组织、农业产业化龙头企业、科研教育单位和其他社会服务组织，主要提供公益性服务，补充提供市场化服务。农村专业合作组织主要提供互助性服务，补充提供公益性服务。农业产业化龙头企业主要提供市场化服务，补充提供农技服务。科研教育单位主要提供农技服务，补充提供公益性服务。其他社会服务组织主要提供互助性服务，补充提供市场化服务。

第三节 农业社会化服务体系发展的必要性

一、农业社会化服务体系的功能

农业社会化服务体系的功能主要包括以下 4 方面。

第一，农业社会化服务体系的经营规模可以弥补传统农户经营单一、规模较小的不足，帮助农民解决一家一户办不好的事情，从而降低农业生产经营成本，提高资源利用率，实现农业生产经营的科学性。

第二，农业社会化服务体系将先进技术、农业信息传递给农民，在产前、产中和产后环节为农业生产提供各方面的服务，帮助其解决农业生产产前、产中、产后的技术和信息难题。

第三，农业社会化服务体系可以帮助降低农业生产成本，增加农业收益和农民收入，稳定农业发展。

第四，农业社会化服务体系可以弥补单一、分散的社会化服务

成本高、效率低的不足，提高社会化服务效果。

二、发展农业社会化服务体系的必要性

农业社会化服务体系是国家服务体系不可或缺的一部分。农业社会化服务体系作为服务业，服务的对象是农业和农民。农业在社会中比较利益最低，农民在社会经营团体中处于弱势，因此需要农业社会化服务在农业生产中发挥重要作用。国家的服务体系只有包括农业社会化服务体系才能完整，国民经济才能稳定发展。

农业社会化服务体系是实现农业现代化的必由之路。自然经济条件下，农业生产的所有内容都由农民自己完成，技术水平、生产质量和效率都不高。现代农业的发展需要物质条件、现代科学技术的支持，这些都需要新型农业社会化服务体系的支撑。新型农业社会化服务体系为农业生产经营提供先进的技术服务、信息服务和金融服务等综合性服务，也提供农业基础设施建设、生产资料供应和农产品加工销售等专项服务，通过这些配套服务，才能实现农业现代化。

农业社会化服务体系有利于巩固统分结合的双层经营体制。统分结合的双层经营体制适应我国农业生产力的发展，适合农民自己经营的项目由农民自己完成，单个农户干不好的由集体完成。"分"的部分使得农民获得生产经营的自主权，解放了生产力，但是大型机械的运作、新技术推广、农产品加工销售等"统"的部分由农业社会化服务体系完成，"统"的作用是将分散农户无力承担的生产环节分离出来，交由政府部门、科研机构、村集体、农民专业合作组织等来承担，实现要素的合理配置，提高农业生产经营的组织化程度，真正实现统分结合，维护双层经营体制的稳定和繁荣。

农业社会化服务体系有利于推进农业产业化，提高农业生产效益。农业社会化服务体系的建立为农业生产经营带来资金、科技、信息、市场等相关资源，促进农业专业化和规模化生产，能够进一

步完善农产品市场体系，通过高质量的社会化服务促进农业商品化和现代化。农业社会化服务体系还在很大程度上缓解了农业生产风险大、成本高、利润小、经济效益低的矛盾，保证了农户的生产和生活，调动了农民的生产积极性，提高了农业生产效益。

三、我国农业社会化服务体系的发展背景

我国自给自足的小农经济不适合农业生产力的发展，相对落后的生产方式不利于提高农业生产效率，不利于农民增收，农村经济发展受到制约。改革开放以后实行家庭联产承包责任制，解放了农村生产力，提高了农民生产积极性，粮食产量大幅增加，农民生活水平也逐步提高。但是，在新时期，农业粗放的自主经营方式与规模集约化经营方式背道而驰，分散经营与社会化大生产的矛盾日渐突出。农业社会化、专业化的程度不断加强，生产水平不断提高，很多生产中的环节和劳动分离出来，形成新的组织和部门，这些组织和部门形成广泛的服务网络，支持三农事业的发展。我国的农业产业化需要升级，规模经营和社会化生产势在必行，社会化服务体系因此应运而生。农业生产的发展、农村经济的繁荣、农民收入的增加都需要农业社会化服务体系的支持。农业要走产业化之路，必须建立完善的农业社会化服务体系。

完善农业社会化服务体系能够促进农村土地有效利用，解决劳动力不足的问题。可以根据市场需求在生产、流通、消费环节对土地、资本、劳动等各种生产要素进行优化服务，改善农业生产经营的条件，保证农业生产的优质、稳定发展需要，保证服务效益的提高。

国家农业服务水平和服务能力决定了农业现代化的水平。我国的农业社会化服务体系是在农业市场化程度不断提高、农业生产力不断提升的背景下形成的，为了适应我国农业结构的调整，加快农业经济增长方式的转变，农业社会化服务体系的建设必须加快步伐

以匹配现代农业,为"三农"发展做好保障。

农业社会化服务体系的建设和完善是我国农业发展的需要,是农村商品经济发展的要求,是传统农业向现代农业转变的重要特征。目前我国的农业社会化服务体系还不够健全,构建新型农业社会化服务体系迫在眉睫,这对促进现代农业发展、繁荣农村经济、带动农民持续增收具有重要意义。

第四节 我国农业社会化服务体系的发展模式

我国农业社会化服务体系以政府服务部门为主导,充分利用村集体经济、农民专业合作社、农业产业化龙头企业、民间个体等补充力量,对农业生产经营的各个环节进行全面服务,在此过程中衍生出一些农业社会化服务模式。

一、以政府公共服务部门为主导、客户为服务对象的服务模式

以政府公共服务部门为主导,对农户进行生产服务的模式是我国的传统模式。政府具有天然的行政优势,可以有效地对农户进行一对一服务,方便生产资料供应、基础设施建设、技术和销售渠道开发和资金支持。

政府公共服务部门可以运用现代信息化的手段建立农技网络咨询平台,通过互联网等现代通信工具建立农技服务网站、农技服务热线等信息服务,向农村、农民发布最新的农业服务信息,这些方式降低了农户的人工服务成本,减少了风险,收到较大成效,推动了农村经济的稳定发展。

政府公共服务部门可以培养专业人才队伍,提供农业科技人员入户服务。政府服务部门培养优秀的农技人员和专业科技人员,进村为"三农"服务,进行技术指导,试点新品种和新技术,再有效

地广泛推广、传播信息。还可以在多个村进行试点,以一带多,节省人力成本,形成规模效应,通过科学有效的手段,解决农业生产经营问题,发挥科技的力量。

政府公共服务部门能够做到责任到人,建立农技推广责任制。我国农技人员的知识和技能水平参差不齐,农业服务部门就承担了农技推广人员的选拔和任用工作。在选人制度上做到用人以能,选任有真才实学的农业人才投身农业社会化服务体系当中。对农技指导员实行分级分责管理,确保人尽其才。建立农技推广运作机制,建立分级培训、课题协作、农业信息服务制度,根据农民的实际需求开展培训,发挥已有的农民培训中心和科技示范基地的作用,帮助农民充分利用农业信息网等资源优势,解决技术难题,发布销售信息,推介农业新品种和新技术。政府公共服务部门还能建立农技推广保障体系,安排农技专项推广资金,实行专款专用,开展课题研发和农技推广活动。

二、以村集体经济组织为主的服务模式和村集体直接服务农户的模式

村集体与农户联系最为紧密,也是最接近农户的服务组织。村集体对农民的领导和组织作用非常明显,尤其在土地使用和流转方面,村集体组织可以在不影响土地所有权的情况下保证土地规模化和集约化使用。村集体可以与农户签订承包合同,集中农户的分散农田,进行统一种植、统一耕作和统一治理,实现规模化、产业化大生产。农民又可以在集约化生产的大农场务工,在获得劳动报酬的同时获取土地流转租金。从而提高了土地利用率,降低了生产成本,既提高了劳动效率又增加了收益。

以村级综合性服务站为基础的农业社会化服务模式。各个地区由于地理因素、人口环境和经济状况的差异,以政府为依托的综合服务站根据承办主体不同可以分为两种模式：村集体承办模式和合作社承办模式。村级综合型服务站作为固定的服务站点，向农民提供现代化服务。在市、县财政的支持和服务站承办者的共同协作下，服务站与农民加强沟通交流，实现设施配备、科学培训、信息检索、专家咨询等方面的服务，切实从农民的真正需求出发，有偿为农户提供生产资料和农用物资，无偿提供技术咨询和疑难解答。通过与农民的面对面交流，做到从实际出发，具体问题具体解决。

三、村集体+中介组织+农户+基地的农业社会化服务模式

村集体在产业规划引导、土地流转和纠纷处理、资金争取扶持、重大病虫害防治、对外交流联络、道路水电信息、办公场所提供等基础设施建设方面具有强有力的保障和服务功能。但是村级集体工作人员少、经济相对薄弱，村集体对农户的直接服务能力较弱，通常需要借助公司、能人、专业合作社、服务队等开展直接服务。因此，形成了村集体+中介组织+农户+基地的农业社会化服务模式。村集体的具体服务，一方面是统一购销，集体购买生产资料和农用物资，统一组织农产品销售，降低了成本价格且保证农民受益，形成价格优势，增强竞争力。另一方面，村集体服务是统一操作，形成耕地、播种、植保、灌溉方面的机械化操作，提高生产效率，将农民从原始的人力劳动中解放出来。再者，村集体还提供公共公益性服务，进行村级公共基础性建设，加上农民投入劳动力，进行公路建设、通信建设、电网建设等生活必需的建设。

四、农民专业合作组织+农户服务的模式

农民专业合作组织能够解决分散经营的问题，联结农户和市场，形成信息工具的利益组合，在技术和市场上都具有天然优势，能够推动我国农业的市场化进程，带动农业现代化生产，促进农村经济

发展,带动农民增加收入。

产前提供团购和技术培训服务,农民通过组团集体购买农业生产要素,可以降低购买成本,保证农产品质量。农民专业合作社通过良好组织,形成规模性的购买力,为农民提供良好的购买环境,并且在价格和运输成本上争取到更大优惠。

产中提供技术指导服务。农民专业合作组织在技术推广方面一般都注重实用性和适用性,直接为农户进行市场导向的技术培训。为了保持技术和信息方面的先进性,农民专业合作社也通常与大专院校和科研机构保持密切联系,通过进行学术、技术、信息方面的交流指导,提高科技成果转化率,加速将科学技术转化为实际生产力。

产后提供销售和加工服务。在农业产业链中,附加价值最大的还是加工和流通环节,农民专业合作组织最大的价值就在于为农户提供农业产后服务,为农户争取第二、第三产业的附加利润,提高农民的经济利益。

五、农业产业化龙头企业+农户模式和企业+基地+农户模式

在这种模式下,企业和农户之间签订收购或者销售协议,龙头企业向农户提供技术和资金、分享市场信息,农户按照协议要求进行生产,龙头企业再按照协议价格收购农产品。企业和农户通过协议联系在一起,形成利益联结体,互惠互利。但是农民的文化素质不高,法律意识淡薄,企业的趋利性会对农民造成一定的剥削,因此农民违反合同的情况时有发生,也会给企业造成损失。

六、企业+合作社(协会)+基地+农户模式

在市场经济发展不完善的农村,龙头企业的趋利性使得龙头企业容易形成垄断,而分散农户常常处于劣势。农民专业合作组织恰好能够促进农民与企业沟通交流,保证农户的正当权益。农民通过

合作组织与企业商量合作方针和方案，接受新的技术，获取最新的市场信息，降低交易成本，提高合同履约率。

七、企业+政府机构+基地+农户模式

龙头企业直接服务于农户的交易成本和风险相对较高，企业和农民之间存在不信任。政府的公共服务部门具有公信力，恰好就是最好的协调者和组织者。政府服务部门作为中介，具有组织和技术优势，政府同农户签订协议交给龙头企业，在生产过程中协同龙头企业向农民提供技术支持和生产服务，产后负责农产品质量监督，维护龙头企业和农户双方的利益。政府还可以与龙头企业整合土地及资金资源，研究新品种，实践种植，开辟农业生产基地，并将成功经验推广到各个农户，提高农业生产水平，降低种植风险。政府还通过财政实力进行财政补贴和扶持，便于农户与企业放心合作，消除后顾之忧，实现合作效果利益最大化。

八、企业+村委会+基地+农户模式

村委会是通过农民自主选举产生的，能够广泛征求民意，代表民意，是代表农民与龙头企业沟通的最佳选择，可以在充分信任的基础上将市场信息和新技术传递给农户，也可以帮助企业对农户的生产活动进行督促和监督，降低交易成本。

九、多种民间服务主体+农户的服务模式和村级科技服务站模式

村级服务站联结了生产供应商、示范户和农技员，促进了技术信息的咨询和市场信息的及时反馈，保证了技术推广的时效性。服务站还通过专门的销售渠道促进农产品销售，保证农资产品的低价，通过统一的技术服务、高效的配送模式、合理的价格调控，把控好农业生产环节，保护农民利益。

十、农村经纪人协会服务模式

农村经纪人是促成农产品顺利进入流通市场的群体,在农业社会化服务中,尤其是产后环节发挥着重要作用。为农民提供比较准确的市场信息,解决了销售渠道短缺的后顾之忧,化解了农民处于市场竞争中不利位置的难题。降低了农民的交易费用,有利于提高农民收入。促进了农村产业结构的调整和产业规模的扩大,促进了农村社会分工体系的完善,推动了农村富余劳动力的转移。

第五节 农业社会化服务体系的发展

一、发展农业社会化服务体系的方法

发展农业社会化服务体系应遵循以下基本原则。

第一,多层级结合,鼓励农科教结合、农商结合、物技结合、政物结合等组成的大型承包集团走进农村,发挥其自身优势,推进农业的社会化服务。鼓励原材料产地和农产品加工企业直接联系,企业与集体经济组织和农户之间结成利益共同体,实现产供销一条龙服务,通过合同方式形成稳定的供求关系。

第二,发展贸工农、产供销一条龙的农业社会化服务体系。贸工农、产供销一体化的经营方式是大势所趋,都是以市场为导向,实现生产、加工、销售的一体化经营,这可以将国有、集体和个体经营有效联结在一起,突破所有制的界限;可以将不同地区的企业衔接起来,突破地域的界限,从而促进生产要素的优化组合和产业结构的调整,实现城乡之间的优势互补。

第三,农业社会化服务体系要以竞争为动力,在竞争中求生存和发展。通过竞争改善经营管理。在合作经济组织、龙头企业、公共服务机构内部建立人员聘用、薪酬计量、绩效考核、经

营管理等方面的规范和竞争机制,促进服务主体蓬勃发展。要面向社会吸收高素质人才,提升农业社会化服务工作的优势和潜力,通过公开透明、科学合理的绩效考评机制兼顾经济效益和社会效益。各类不同服务主体提供的服务要向市场方向延伸,提高服务效果,服务较好的才能占领市场,适应市场供求和价格环境的变化。

第四,农业社会化服务体系要建立合理的激励机制。鼓励参与农业社会化服务的人员提高服务技能,挖掘自身潜力,提高工作积极性。对服务效果差、农民满意度低的服务项目要改正完善。对于积极配合的农户给予一定补贴和优惠,增强农民的参与意识。

第五,农业社会化服务体系要建立合理的投入机制,坚持有所为有所不为,确保提供农户需要的服务。根据服务职能确定是否投入和投入力度,针对农业社会化服务现状确定投入领域和投入资金。

第六,农业社会化服务体系要保持创新,只有在正确有效的创新机制推动下,农业社会化服务体系才能持续发展。服务内容方面,要依靠科学技术,探索促进农业生产能力提高的服务项目;供给模式方面,根据市场需求优化组合,调动可用力量,形成优质服务的产业发展链条;管理模式方面,建立合理创新的人事管理制度、奖金分配制度,提高相关人员的创新能力。通过营造创新氛围,建立新型农业社会化服务体系。

第七,农业社会化服务体系要大力发展现代农业信息服务,加强市场供求信息、价格信息等方面的预测和分析,对于有竞争力的农产品从产前、产中、产后关注全面信息,帮助提高产品竞争力。逐步建立农业信息商品市场,促进信息传播,实现农业信息商品的供需对接。

第八,提高农业生产资料供应服务水平,完善农资配送模式。

农资生产企业要摒弃自给自足的做法，合理配置资源，保证配送效率，加强企业管理。同时要发展第三方外包型农资配送模式，利用第三方的专业优势，使农资企业和农户都享受到高品质服务。完善农资配送模式和配送体系，强化站点建设，培养专业人员，加大监管力度，建立区域性的农资物流配送中心。

二、建设农业社会化服务体系要注意的问题

建设农业社会化服务体系要注意以下问题。

第一，建立大农业、大服务、大流通体系。大农业的关键是生产力；大服务要包括整个农业服务，包括农、林、牧、渔业，乡镇企业和其他的农村、农民生产生活配套服务；大流通的中心是建立大市场。总之要开展多渠道、多领域、多层次、多类型的农业社会化服务。

第二，做好科技创新、技术服务。调动参与者的积极性，实行科技有偿服务，通过现代科技和增强商品经济意识，提高农业生产和服务水平，不断开拓创新，发展农村经济。

第三，改变服务观念，调整服务结构，转换服务机制。要拓宽服务领域，农村、农业流通实现市场化、社会化和现代化。打破地区和部门的界限，充分利用市场调节机制，将企业和农户组织起来，培育全国统一的大市场，形成强大力量。

第四，联合与竞争并存。农业社会化服务涉及农民的切身利益，要与农业、农村、农民相关的各个部门合理配合，既要联合也要竞争，通过竞争取长补短，发展农业社会化服务体系。

第五，鼓励投资，大力发展农业，发展社会化服务体系。企业是推动农业产业化的龙头，以农民为基础，以市场化、集约化、现代化的生产方式组织生产、加工和经营，是推动农业社会化服务体系和农业生产发展的新思路和新手段。

第六节　促进农业社会化服务持续发展的对策与建议

按照"主体多元化、服务专业化、运行市场化"的方向,加快构建公益性服务与经营性服务相结合、专项服务与综合服务相协调的新型农业社会化服务体系。

一、加强公益性服务组织建设,夯实农业社会化服务的基础支撑

公益性服务组织是农业社会化服务组织的核心力量,要加强基层公益性服务组织建设,着力构建促进现代农业发展的公共服务平台。建立健全农技推广政策与法规体系,完善各级政府对公益性农技推广工作的财政投入和条件保障机制,从根本上改变当前我国农技推广投入严重不足、条件严重落后的局面。在财政投入上,建立"地方养人、中央和省级养事"的农技推广投入机制。县级财政保障乡镇农技人员工资待遇,中央和省级财政承担乡镇农技推广工作经费的主要投入,保证乡镇农技人员能够切实履行农业技术推广、动植物疫病防控、农产品质量监管的职能。抓紧建立农技人员聘用制度,采取公开招聘、竞聘上岗、择优聘用等方式,选择有真才实学的专业技术人员进入农技推广队伍,规范人员上岗条件。全面推行以公益性服务人员包村联户,(合作社、企业、基地等)为主要模式的工作责任制度,逐步形成服务人员抓示范户、示范户带动辐射户的公益性服务工作新机制,不断增强乡镇公共服务机构的服务能力。大力开展农技人员素质培训,以短期培训、继续教育、远程教育等多种方式,大力提升农技推广人员的自身素质。建立农技人员工作考评制度,实行县级业务主管部门、管理单位、服务对象三方共同考核,农技人员的工资报酬、晋职晋级、业务培训等与考评结果挂钩。加强乡镇推广机

构业务用房建设，病虫害防控、投入品和农产品质量速测仪器设备的配备，交通工具配备，实现乡镇推广机构工作有场所、服务有手段、下乡有工具，切实增强服务能力。

二、加快培育经营性服务组织，充分发挥骨干和生力军作用

经营性服务组织是农业社会化服务中的骨干，是推进农业标准化的重要力量。要按照支持鼓励与规范并举的原则，采取政府订购、定向委托、奖励补助、招投标等方式，引导农民合作社、专业服务公司、专业技术协会、农民经纪人、涉农企业等经营性服务组织参与公益性服务，大力开展病虫害统防统治、动物疫病防控、农田灌排、地膜覆盖和回收等生产性服务。

（一）规范发展各类农业专业合作经济组织

发挥资源优势，围绕支柱产业和主导产品组建各类专业合作经济组织。深入开展示范社建设行动，完善内部规章制度，建立信用管理制度，健全生产记录制度，加强标准化和品牌化建设，强化合作社人才培训，提高合作社规范化建设水平。

（二）做大做强农业产业化龙头企业

支持龙头企业通过兼并、重组、收购、控股等方式，组建大型企业集团；支持符合条件的国家重点龙头企业上市融资、发行债券、在境外发行股票并上市，打造龙头企业航母。依托国家农业产业化示范基地，大力推动龙头企业向示范基地集群集聚，加强示范基地基础设施建设，搭建技术创新、融资服务、品牌培育等平台建设，提升龙头企业的辐射带动能力。积极推动龙头企业与农户开展订单农业模式，探索龙头企业为农户提供农业保险和信贷担保，以农业产业化促进生产标准化。

（三）发展壮大村级集体经济组织

农村集体经济组织提供的内部服务，是整个农业社会化服务体

系的基础。围绕赋予集体经济组织市场主体地位，明晰产权和集体经济组织成员资格，积极引导村级组织围绕当地资源优势发展各类企业，发展壮大集体经济、增强集体经济组织服务功能。如组织农民统一购买良种、化肥、农药、农膜等生产资料，统一组织浇水、灭虫和户间互助，统一销售农副产品等等，充分发挥"统分结合"的双层经营体制中的统一经营职能。

（四）鼓励农民经纪人发展

农民经纪人等既是新型农业社会化服务体系的重要补充，又是农业技术推广和服务的生力军。有关部门要对农民经纪人加强教育培训，规范经纪行为，提高综合素质，使农民经纪人的队伍不断壮大。

三、完善社会化服务支持政策，促进社会化服务组织可持续发展

加大对县、乡两级农业公共服务机构的支持力度，强化基础条件建设，加大对基层公益性农业服务、农技人员培训的资金支持。加强对经营性农业社会化服务组织在服务设施、服务队伍、服务活动上的支持力度，对于服务内容多、服务面广、与产业带动内容，主导产业和农户连接紧密、服务效果好的给予优先扶持。针对农民合作社和农业龙头企业2大主体，要专门研究出台针对性政策，特别是融资政策。积极推进农村抵押担保方式创新，鼓励有条件的地区成立由政府出资、农业合作社和农业产业化龙头企业参股的担保基金或担保公司，扩大农村有效担保物范围和信贷供给，为农业龙头企业和合作社进行担保。通过专项资金、贷款贴息等形式加大对农民专业合作社和龙头企业的扶持力度。认真落实财政部、国家税务总局的有关规定，免征农民专业合作社在服务、经营、销售环节中的所得税、营业税、增值税。研究改进资金扶持范围和扶持方式，

逐步将资金使用方式由无偿补助向以奖代补转变,体现扶优扶强原则,扶持一批优秀的合作社或龙头企业。放宽土地使用政策,对于规范化的农业社会化服务组织的建设用地优先考虑。农业社会化组织享受农业用电、"绿色通道"、免收工商管理费和人才培训费等政策。

参考文献

李显刚.2018.新型农业经营主体实践研究[M].北京:中国农业出版社.

任玉霜,马肖曼,曲秉春.2018.基于新型农业经营主体的职业农民培育研究[M].长春:吉林大学出版社.

王乃耀.1990.十六世纪英国农业革命[J].史学月刊,(2):83-89.

西奥多·W.舒尔茨.1999.改造传统农业[M].北京:商务印书馆.

张晋华,刘西川.2018.新型农业经营主体融资机制研究[M].北京:经济科学出版社.

张跃强.2018.政府对新型农业经营主体的支持政策研究:基于政策传导机制视角[M].北京:经济科学出版社.